U0029796

〔24節氣輕蔬食〕【好評修訂版】

72道順應四季時節、調養體質的美味素食

Contents 目錄

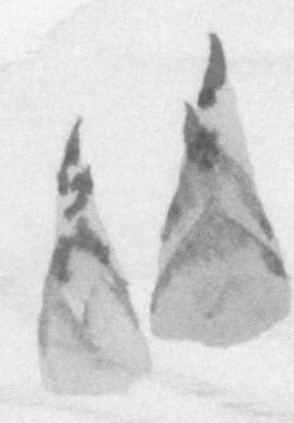

春季是萬物萌生，欣欣向榮的季節，凜冽的寒冬之後，所有生物就像種子一般，準備萌發，但是萌發是需要能量，適時增加飲食營養和應時食物，對於身體是大有裨益的。春季的飲食宜選用清淡溫和、扶助正氣、補益元氣、養益脾胃的食物。

立春─大地回暖，飲食宜清淡，少吃過於辛辣的食物

雨水─萬物生長的時機，宜多吃綠色食物，能有益肝氣

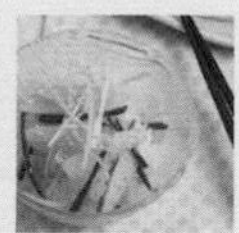

24 節氣養生食療・秋季篇── 120

從生意盎然，轉變為落葉紛飛的蕭瑟，維持早睡早起，可以保持神志的安寧，以緩和秋天肅殺氣氛對人體影響。秋季的飲食應該要「收斂肺氣」，不適合吃太多辛辣、容易發散的食材，要吃酸味的蔬果幫助收斂肺氣，或多吃養陰生津的食物，以益胃生津、緩解秋燥。

24 節氣養生食療 • 冬季篇—— 170

冬天宜早睡晚起，確保充足睡眠，讓體內的陽氣得以潛藏，才能以更好的狀態迎接新的一年。冬令進補仍以適當為原則，過與不及都不符合自然的規律，多聽些喜歡的音樂、適當運動，讓身心處於健康平穩的狀態，就能平安健康度過冬天。

{ 立冬 } 國曆 11 月 7 日或 8 日—— 172

立冬—溫差大，寒邪容易入侵，補冬補嘴空，適合滋補或食療養生

{ 小雪 } 國曆 11 月 21 日至 23 日—— 180

小雪—晝長夜短，需減少精氣神的消耗，吃清火降氣的食物

{ 大雪 } 國曆 12 月 6 日至 8 日—— 188

大雪—氣溫下降，宜提高機體免疫力和抗寒力，多吃蔬菜補充營養

Contents 主題目錄

飯＆麵主食

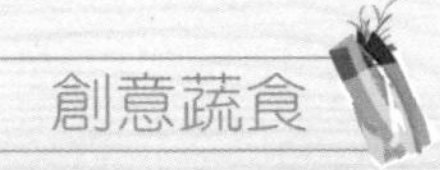

美味點心

營養湯品

養生飲料

烘焙&甜點

推薦序 1

素食健康，節氣養生

佛教慈濟醫療財團法人執行長　林俊龍

身為心臟內科專科醫師，在美國執業時發現，要預防血管硬化、狹心症、心肌梗塞，需徹底改變生活的形式，包含飲食、運動、戒菸、戒酒及適度休息。其中，正確的素食飲食型態更是減緩心臟血管疾病一再復發的主要方法之一。但要說服病人由葷轉素，很不容易，只能先改變自己，這就是我素食生活的起點。素食之後，我發現整個身體變得更輕鬆，從此以自身為例去鼓勵心血管病人素食，果然病人的狀況大有改善。

回到臺灣慈濟醫療志業服務後，更積極推廣素食，促進身心靈健康。近年來，地、水、火、風四大不調，天災不斷，選擇素食能降低碳排放，減緩地球暖化，是愛護地球的實際行動。

感謝花蓮慈濟醫院的營養科團隊，除了為病人及家屬設計營養又健康的食譜，對於醫院同仁的三餐菜色也是用心規畫，兼顧色香味，讓素食營養又好吃；為了社區民眾，營養師們也絞盡腦汁設計應景蔬食料理，讓民眾能在節慶時兼顧素食的美味與健康。

而中醫的強項在於養生、調理和預防。花蓮慈濟醫院中醫科歷史悠久，啟業後第五年就成立了，二十五年來已成為陣容堅強的中醫部，更發心帶動玉里慈濟醫院與關山慈濟醫院成立中醫門診，廣受鄉親歡迎。

本書由營養理念出發，搭配中醫「食療」觀念，呼應二十四個節氣，調配簡單料理的蔬食，正是讀者可以日日在家親手烹調的養生良方。欣見花蓮慈濟醫院營養科與中醫部團隊發揮各自專業，攜手合作出版此書，造福鄉里，樂為之序。

推薦序 2

當季蔬果健康上桌

花蓮慈濟醫學中心院長　林欣榮

適當的飲食是保持身心健康的首要原則。每天有良好的飲食習慣，並食用安全的食材，尤其是符合時令生產的當季蔬果，一方面新鮮、營養，價錢合理，更能吃得健康。

自古至今，翻閱農民曆，不僅可以對二十四節氣瞭若指掌，也可看到提供農民耕作的建議，包括穀物與各類蔬菜的栽植時節等。農民依照節氣栽種蔬果，有助於照護與收穫，在現行的健康飲食觀中，更推崇購買與食用新鮮、在地、當季的蔬果與作物，物美價廉，同時也將環保觀念落實到生活中。

農諺有云「正月蔥、二月韭、三月莧、四月蕹、五月匏、六月瓜、七月筍、八月芋、九芥藍、十芹菜、十一蒜、十二白（指白菜）」，在夏天就是瓜果類蔬菜盛產的季節，南瓜、苦瓜、瓠瓜、冬瓜、絲瓜……，而葉菜類蔬菜栽種則常見在秋冬季節。在本院同仁餐廳，五月起，即可吃到各式瓜果類蔬菜料理，就是健康飲食的最佳體現。

很感恩本院營養師團隊及中醫師團隊，在照護病人忙碌的工作之餘，積極推動健康素食，結合台灣特色蔬果包括香蕉、鳳梨、文旦柚、桑椹、洛神花、金針花、佛手瓜、龍鬚菜、蕈菇類……等蔬果，搭配香椿、芝麻、麻芛、薑黃、紅藜……等養生食材，綜合中西式料理形式，讓我們從日常中品味食物之美。

因為營養師團隊的用心，透過可輕易上手的料理手法，讓健康蔬食變簡單了，同時還可以看見每樣食材的營養成分及每份料理的熱量，符合「吃當季，最美味」的飲食觀，高纖低脂低糖低鹽，也是本書值得推薦的一大特色。

作者序 1

迎接大地的蔬果能量，全家調養好體質

花蓮慈濟醫學中心中醫部主任　柯建新

記得已故毒物科權威林杰樑醫師曾經說過：「能夠吃到當令的食物，是一種生活上的感動。」

如何「當令」而且「營養」，相信許多外食族，或者是為小朋友準備便當的媽媽們都非常的關心吧！「營養」有營養師為我們提供卓見，然而，一定非「當令」不可嗎？「當令」又是什麼？

「當令」指的是當時的節令，用中醫的專用術語來說，就是「四時節氣」，是老祖宗流傳下來的智慧結晶，指的是一年之中的二十四個時節與氣候。《黃帝內經 • 靈樞》中記載：「春生夏長，秋收冬藏，是氣之常也，人亦應之。」而西漢司馬遷在《史記 • 太史公自序》中提到：「夫春生夏長，秋收冬藏，此天道之大經也，弗順則無以為天下綱紀」。人們在不間斷的生活實踐中逐漸發現，「春天萌生，夏天滋長，秋天收穫，冬天儲藏」的規律不僅僅是指農業生產的一般過程，也不僅僅適應於植物、動物及日常作息，平日的飲食也同樣深受「春生夏長，秋收冬藏」的影響。

以前農民們順天應時，依據各個節氣的氣候特性從事著各種農作。在那個加工品添加物還不發達的年代，人們吃著上天賜予的天然寶貴食物。每種蔬果都有最適合的生長季節（我們稱之為「當令蔬果」），在合適的節氣裡栽種，自然會長得特別好，病蟲害也比較少，不需要噴灑太多的農藥。加上當令盛產，不僅物美價廉又營養，新鮮好吃又較安全，可說是好處多多！而非當令蔬果在不適合生長的季節裡，通常體質較弱容易受病蟲害侵襲，需要使用較多的農藥保護，加上產量少，售價也會比較高。仔細想想，花大錢又吃下農藥含量高的蔬果影響健康，實在不值得！

例如炎炎盛夏，大約在每年暑假期間，大家知道適合吃什麼樣的季節農作物嗎？當令盛產的苦瓜、絲瓜、小黃瓜、冬瓜……等各種可以消解暑熱的瓜類可說是首選，根據中醫理論，瓜類多半屬於寒、涼性食物，有清熱瀉火的作用，其中花蓮盛產的西瓜，味甘、性寒，具有解暑清熱、生津止渴、利尿之效果，被中醫稱為「天生白虎湯」，有趣的是，炎夏季節卻盛產寒涼食材，豈不是上天的一個絕妙安排？當然要好好利用一番！書中有更多有趣的當令食材料理，大家不妨一試！

本書的完成，除了感謝劉詩玉主任所率領的營養科團隊之外，更要感謝中醫部中醫婦科吳欣潔主任的策劃統籌，陳怡真、吳佩穎、沈炫樞、唐漢維四位主治醫師的分工合作，中醫部尤瀚華醫師、陳中奎醫師、盧昱竹醫師、陳家凡醫師、張靄馨醫師、王國峰醫師、鄒牧帆醫師、宋宜芳醫師、邱少君醫師、賴奇吟醫師、龔彥綸醫師、李至軒醫師、林俞萱醫師等多位同仁鼎力相助，期待大家藉由本書專業的介紹，當令好菜輕鬆上桌免煩惱！

作者序 2

順應節氣來養生，掌握健康好能量

花蓮慈濟醫學中心營養科主任　劉詩玉

中國的「二十四節氣」在 2016 年 11 月 30 日被正式列入聯合國教科文組織人類非物質文化遺產代表作名錄。二十四節氣是我國古代曆法的獨特創造，歸納著中國傳統農業時事和生活起居的老祖宗智慧，故至今仍常為各地務農者所應用。而節氣更是我們民族節俗的依附存在關係，夏至與端午節、秋分與中秋節等，這早已融入亞洲民族文化情感樞紐。

二十四節氣原是反應黃河流域氣候變化與農作物的關係，但現今隨著溫室效應而地球變暖等日趨嚴重因素，逐漸造成季節與氣候的差距，台灣的四季則愈來愈不明顯了。但是無論氣候如何變遷，我們仍然無法完全脫離「靠天吃飯」。因為，各地務農者依照長期經驗的累積，知道在什麼節氣，該地就會呈現何種氣候，且適時進行農事，作物配合農時，農業的品質和豐收就更有保障。而且「吃當令、吃在地」，已成為現代順應時節來調整體質的生活哲學。希望大家在讀了這本食譜書後，能深深體會人體應該根據二十四節氣的變化來調整自己的生活規律表，順著季節吃當季盛產的蔬果作物，更能讓生活融入大自然的節氣變化。

本書作者是一群在醫院工作多年的專業醫療人員，有中醫師、營養師和廚師的合作，從中、西醫理論多元角度來探討節氣養生之道，內容按照二十四節氣分類，仔細剖析了每個節氣相關的中醫養生經和營養師的飲食調理。在這個時節，可以品嚐什麼當令蔬果呢？書中精闢地解說每個節氣搭配符合自然時序的蔬果食材，通過營養食療食譜實現節氣時候的養生需要，讓養生從日常生活中著手；而食譜設計以簡樸營養的素食為理念，以蔬果為主加上兩三樣食材，烹調不必大費周章，讓讀者在短短幾分鐘之內完成一道日常家庭營養養生的節氣飲食料理。

書中營養師教導讀者認識台灣大自然孕育出的當令蔬果，新鮮又天然的本土蔬食，因為養分充足，不必催熟速成，跟著節氣變化安心飲食，也不需要去吃價格昂貴或從國外進口的蔬果，因為價格愈貴的蔬果，愈有可能不是當季直產，而且進口的蔬果常常都是需要經過防腐化學處理。

當我們對當令、當地蔬果食物認知越多，便能掌握更健康的飲食自主權。現在跟著書中營養食譜，讓我們一起學習順應節氣養生，來享用天然蔬果所創造的營養素食餐桌，讓身心靈都健康滿點。

24節氣養生食療

節氣食材

立春	花椰菜	杏鮑菇	花生
雨水	福山萵苣	油菜花	豆乾
驚蟄	紅蘿蔔	萵苣	豆腐
春分	香菜	春筍	黃豆芽
清明	波菜	青木瓜	桑椹
穀雨	鮮椿芽	薏仁	佛手瓜

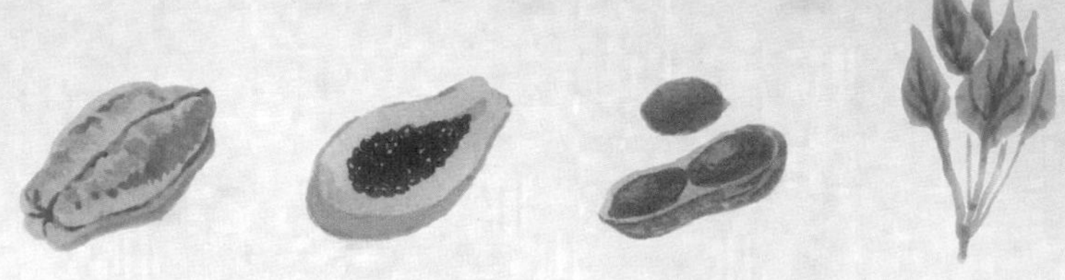

春季總論

沈炫樞——中醫部主治醫師

人與萬物同存天地之中，天地的變化無時無刻影響著人與萬物。春生、夏長、秋收、冬藏是一年季節變化的縮影，因此春季是萬物萌生，欣欣向榮的季節，凜冽的寒冬之後，所有生物就像種子一般，準備萌發，但是萌發是需要能量，適時增加飲食營養和應時食物，對於身體是大有裨益的。

古書云：「當春之時，食味宜減酸益甘，以養脾氣。飯酒不可過多，米麵糰餅不可多食，致傷脾胃，難以消化。」春天五行屬木，對應臟腑為肝，肝主疏泄，因此春季養生主為肝能夠順利疏泄，養分的補足固然重要，但是過多的飲食反會阻礙脾胃的代謝，因此才說飯酒、米麵糰餅不可過多，以防干擾身體氣機的通暢。

春季的飲食宜選用清淡溫和、扶助正氣、補益元氣、養益脾胃的食物。從立春到穀雨每個節氣都有適合的當季食材，多攝取這些春季當令食物，除了可以補充所需的養分之外，還可以讓身體沒有負擔的面對氣候的變化。

立春

・國曆2月3日——5日

百草回芽、東風解凍、萬物復甦

立春是24節氣中的第一個節氣，所謂「**立春為啟，立冬為開**」，代表一年的開始啟於立春，意味著大地開始回暖，萬物生機蓬勃。台灣位於亞熱帶地區，立春時節大地回暖，水氣豐沛，正是適合春耕的時刻，正是中南部一期水稻開始插秧的好時節。

農民更會依據立春的天氣來預測未來一年農作物的收成，「**立春天氣晴，百物好收成**」，意即立春當日若是晴天，便是一整年豐收的好兆頭。由此可見立春對於農業的重要意義。

《黃帝內經》中提到：「**春三月，此謂發陳，天地俱生，萬物以榮。**」意指春天氣候轉暖和，天地間陽氣升發，萬物生長之際。中醫認為「春應在肝」，此時養生應著重在「肝氣升發舒暢得宜」為要務。

春季養生，首重養肝，而青色入肝經。春天飲食宜多吃綠色食物，例如花椰菜、芹菜、菠菜等。此外，配合當季食材如杏鮑菇、花生等具辛溫甘潤之特性，可滋補陽氣、養肝及顧脾胃。整體而言，立春飲食宜清淡，少吃過於辛辣的食物，以及油炸、燒烤的食物。

中醫師推薦養生食材

- **花椰菜**：味甘性平。生食易脹氣。易腹瀉、腹脹、脾胃虛寒者不宜多食，建議宜烹煮後溫熱食用。

- **菇類**：屬於高普林的食物，尿酸高或痛風患者建議須限制或分量使用。

- **花生**：炒熟性溫，補益脾胃氣。但花生易受潮氧化變質，產生黃麴毒素而有致癌的風險，建議食用當季盛產新鮮花生。

立春 1 花椰菜

國曆2月3日——5日．百草回芽、東風解凍、萬物復甦

花椰菜

超級食物之一的花椰菜，每100克熱量僅23大卡，維生素B群含量中上，維生素C有75毫克。含有豐富的抗氧化多酚及硫配醣體，宣稱是抗癌蔬菜之一。花椰菜是十字花科蔬菜須煮熟享用，烹煮過程可破壞致甲狀腺腫素。

梅烤雙花

準備時間／5 分鐘
烹調時間／18 分鐘

白花椰菜100g
綠花椰菜100g
紫蘇梅果肉30g

紫蘇梅汁20cc
醬油膏10g
砂糖10g

1 白花椰菜、綠白花椰菜洗淨，放入滾水汆燙3分鐘後，撈起，擺盤備用。

2 紫蘇梅果肉切碎，放入容器中，加入紫蘇梅汁、醬油膏、砂糖拌勻。

3 將**作法2**淋在花椰菜上面，外層包入一層鋁箔紙，移入烤箱以200℃烤約15分鐘，即可取出食用。

〔營養成分分析〕

每1份量100克，本食譜含2份

熱量(kcal)	148	脂肪(g)	0.3	反式脂肪(g)	0	糖(g)	10
蛋白質(g)	3.8	飽和脂肪(g)	0	碳水化合物(g)	40	鈉(mg)	683

〔營養師叮嚀〕

立春節氣，春回大地，乍暖還寒，飲食中的調理更顯重要，多吃當令蔬菜是養生的基本，花椰菜含較多的植物蛋白及植物性化學成分，可抗氧化而使癌細胞不易形成。

〔主廚叮嚀〕

烤花椰菜時，可先在上面包覆一層鋁箔紙，除了可以保留蔬菜水分之外，還可避免表面烤焦而產生致癌物。

立春 ❷ 杏鮑菇

國曆2月3日——5日・百草回芽、東風解凍、萬物復甦

杏鮑菇

杏鮑菇具有鮮味，很適合素食烹調，由於纖維較長，年長者建議橫切或切細攝取較適合。杏鮑菇如果短時間吃不完，也可以切片自然風乾，做成自製乾燥蔬菜，煮湯還是一樣好吃，很適合作為備用菜喔！

杏鮑菇雪菜寶盒

準備時間／20分鐘
烹調時間／30分鐘

麵皮
中筋麵粉100g
熱水35cc
冷水20cc

內餡
家常雪菜100g
杏鮑菇100g
豆乾70g

薑5g
胡椒粉少許
油2g
鹽2g

1 取中筋麵粉放入容器中，一邊攪動一邊倒入熱水，待冷卻後，加入冷水用手揉均勻至表面呈光滑狀，靜置10分鐘，備用。

2 杏鮑菇、豆乾切丁；家常雪菜洗淨，切末；薑切末。

3 取鍋倒入少許油燒熱，放入薑末爆香，加入雪菜、杏鮑菇、豆乾丁拌炒均勻，加入調味料拌勻，即成餡料。

4 將**作法1**麵糰均分5等分，用擀麵棍桿成圓片狀，即成麵餅皮。

5 取一張麵餅皮，中間放人適量的餡料，將麵餅皮對折，並把邊緣壓緊，即為寶盒，依序全部完成。

6 取乾淨的平底鍋，擦上薄油之後，放入做好的寶盒烘至熟（也可放入烤箱，約烤10分鐘），即可取出食用。

〔營養成分分析〕

每1份量80克，本食譜含5份

熱量(kcal)	113	脂肪(g)	2.3	反式脂肪(g)	0	糖(g)	0
蛋白質(g)	5.6	飽和脂肪(g)	0.3	碳水化合物(g)	18.1	鈉(mg)	505.6

〔營養師叮嚀〕

杏鮑菇原生長於歐洲地中海區域、中東和北非等地，富含鈣、鎂、銅及必需胺基酸，杏鮑菇是一種高纖、低脂、低熱量的蔬菜，可以幫助排便也是控制體重的好幫手！

〔主廚叮嚀〕

1 餡料中可加入紅辣椒同炒更添風味。

2 麵團要充分靜置才能順利桿開。

3 **家常雪菜DIY**：取刈菜葉130g加入鹽5g充分搓揉之後，靜置一夜，將水分擠出即成。

立春 ③ 花生

國曆2月3日——5日・百草回芽、東風解凍、萬物復甦

花生

花生是讓人充滿活力的食物，高熱量、富含礦物質鋅與鐵，每100公克約有558大卡，脂肪含量高達50%、蛋白質有30%，但是需注意的是每攝取100克的花生會吃進去10克的飽和脂肪，一天的建議攝取份量是10顆。

花生咖哩香蔬

準備時間／5 分鐘
烹調時間／15 分鐘

南瓜200g　番茄70g
青椒65g　花生油5g
茄子65g

綜合香料咖哩粉10g
甜花生醬20g
鹽3g

1 南瓜洗淨，去皮，切成0.5公分薄片；青椒洗淨，切片狀；茄子、番茄洗淨，切成滾刀片。

2 取炒鍋轉小火，倒入花生油加熱，放入咖哩粉拌炒至有香氣出現後，加入甜花生醬拌炒至香氣產生。

3 加入南瓜、茄子，轉中火拌炒（視情況加入熱水約300cc），至南瓜呈現透明狀態。

4 放入番茄、青椒，轉大火拌炒，至咖哩湯汁呈現稠狀，加入鹽調味，即成。

〔營養成分分析〕

每1份量80克，本食譜含4份

熱量（kcal）	86.32	脂肪（g）	4.20	反式脂肪（g）	0	糖（g）	0.36
蛋白質（g）	2.89	飽和脂肪（g）	0.02	碳水化合物（g）	11.39	鈉（mg）	224.2

〔營養師叮嚀〕

花生相較其他堅果類含有的飽和脂肪較高，建議一天食用份量約10顆。潮濕悶熱的天氣容易黴菌孳生，產生黃麴毒素，開封後的花生放入冰箱。花生含有精胺酸，咖哩香料對消化道蠕動有幫助，很適合憂鬱沮喪享用。

〔主廚叮嚀〕

花生受熱度大約是在160度的溫度就會焦掉，因此加入花生醬拌炒必須以小火慢煮；烹調時間並沒有很長。

雨水

獺祭魚、鴻鴈來、草木萌動

・國曆2月18日——20日

雨水是24節氣中的第二個節氣，此時仍在初春尚未回溫，但雨水時節會帶來充沛的雨水，農夫開始播種，常可見大地上綠色幼苗隨風搖曳著，是萬物生長的好時機。俗諺云「**雨水連綿是豐年，農夫不用力耕田**」，因為稻苗最需要雨水來灌溉，若雨水當日能下雨，代表今年農作物收成必定大豐收。

中醫認為，肝屬木，與春相應，此時養肝事半功倍。而五色中青色入肝經，春天飲食上宜多吃綠色食物，能有益肝氣，升發舒泄得宜，例如福山萵苣、油菜花等。此外雨水時節也帶來了濕氣，容易讓人覺得慵懶、全身肌肉沉重無力，多吃深綠色的蔬菜有益暢通肝經，幫助陽氣輸布。而豆製品如豆腐、豆乾等能補益肝氣、養肝護脾胃。整體而言，雨水節氣飲食宜清淡，忌油膩、生冷及刺激性食物。在季節交替的此時節將脾胃顧好，會使一整年的生活元氣滿滿。

中醫師推薦養生食材

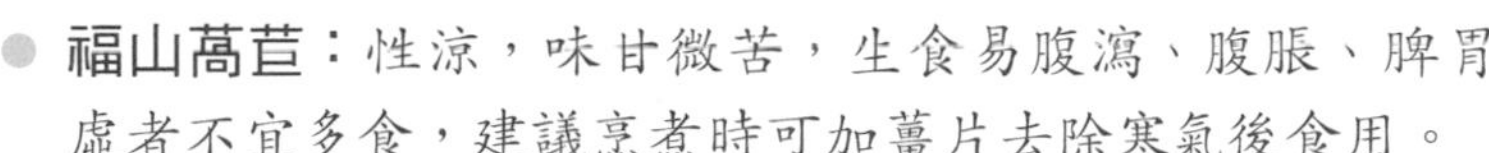

- **福山萵苣**：性涼，味甘微苦，生食易腹瀉、腹脹、脾胃虛者不宜多食，建議烹煮時可加薑片去除寒氣後食用。

- **油菜花**：性涼，味甘。含鉀量高，建議血鉀高或限鉀飲食的民眾，可汆燙後再食用，以減少鉀的攝取。

- **豆類製品（如豆腐、豆乾等）**：食用過量豆類製品較易脹氣。脾胃虛者不宜多食。

雨水 1 福山萵苣

國曆2月18日——20日・獺祭魚、鴻鴈來、草木萌動

福山萵苣

每100克含熱量13大卡，經汆燙後口感脆，簡單調味就很好吃，且熱量低非常適合減重者食用。就維生素而言，福山萵苣跟其他蔬菜比較表現平凡，但較其他蔬菜鐵質含量高，很適合控制體重成長發育的少女們。

福山萵苣豆腐三明治

準備時間／2分鐘
烹調時間／5分鐘

吐司2片
起司片1片
板豆腐100g
福山萵苣80g
海苔片1片
麵粉5g
芥花油2.5g

黃芥末籽醬5g
美乃滋5g
醬油膏1g
鹽0.5g

1 黃芥末籽醬、美乃滋放入容器中拌勻，即成黃芥末籽沙拉醬，備用。

2 福山萵苣洗淨，切大片狀，放入滾水中快速汆燙至熟，加醬油膏調味。

3 板豆腐橫剖切對半（如同吐司厚度），灑上鹽，拍上少許麵粉，以芥花油熱鍋煎至金黃色。

4 吐司稍微烤柔軟狀，依序放入起司片、板豆腐、福山萵苣，加上黃芥末籽沙拉醬、海苔片，蓋上吐司，即成。

〔營養成分分析〕

每1份量290克，本食譜含1份

熱量(kcal)	430.6	脂肪(g)	18.2	反式脂肪(g)	0	糖(g)	3.20
蛋白質(g)	20.64	飽和脂肪(g)	2.56	碳水化合物(g)	49.47	鈉(mg)	1062

〔營養師叮嚀〕

福山萵苣（俗稱大陸妹）口感清脆、無特殊味道，老人小孩的接受度高。容易入口並攝取到膳食纖維、維生素B群。而本菜單使用了起司、豆腐、海苔可以增加鈣質的含量，很適合食慾不佳的老人與小孩食用，食用時可切成1/4塊。

〔主廚叮嚀〕

燙熟的福山萵苣記得瀝乾水分，避免吐司濕掉。可享受到萵苣的清脆、豆腐跟起司產生味覺錯亂的有趣口感。

雨水 2 油菜花

國曆2月18日——20日・獺祭魚、鴻鴈來、草木萌動

油菜花

油菜花含有許多身體必需的營養成分，如：β-胡蘿蔔素、維生素B、C、鈣質、鐵質、膳食纖維、鉀等營養豐富均衡，可提高免疫力、消除疲勞、改善肌膚問題，亦有美白效果，助長膠原蛋白的生成等許多優點。

油菜豆包海苔捲

準備時間／10 分鐘
烹調時間／15 分鐘

油菜花400g
濕豆皮80g
海苔片2片（約0.4g）

橄欖油5g
鹽1g
香菇粉4g

1. 油菜花洗淨，切長段，放入熱油鍋拌炒，加入鹽及香菇粉調味，盛盤備用；海苔切絲備用。
2. 將平底鍋倒入橄欖油以小火加熱，放入濕豆皮煎呈金黃色。
3. 取適量的油菜花包入煎好的濕豆皮內捲起來，最後貼上海苔絲，即可食用。

〔營養成分分析〕

每1份量100克，本食譜含4份

熱量 (kcal)	59	脂肪 (g)	3	反式脂肪 (g)	0	糖 (g)	0
蛋白質 (g)	5.3	飽和脂肪 (g)	0	碳水化合物 (g)	2	鈉 (mg)	450

〔營養師叮嚀〕

油菜花含有許多身體必需的營養成分，如：β-胡蘿蔔素、維生素B、維生素C、鈣、鐵質等營養豐富均衡，可提高免疫力、消除疲勞，適合冬天降臨食用以預防天氣轉變時的感冒。

〔主廚叮嚀〕

因市售海苔多已有調味，所以拌炒油菜花時，不需要添加過多的調味料。

雨水 ③ 豆乾

國曆2月18日——20日・獺祭魚、鴻鴈來、草木萌動

豆乾

黃豆加工製品是素食者攝取蛋白質與鈣質的優質來源，每100公克豆乾約含18公克蛋白質與270～290毫克的鈣，然而保存不易，所以挑選應注意保存期限、標示與檢驗合格之商家，避免買到違法添加物之產品。

香椿嫩醬夾餅

準備時間／20 分鐘
烹調時間／25 分鐘

小黃瓜30g
小方豆乾30g
春捲皮1～2小張
沙拉油5g

甜麵醬10g
香椿嫩葉醬少許（依照個人口味添加）

1 將小黃瓜洗淨，放入滾水略汆燙後，切成5公分粗條，放涼，備用。

2 小方豆乾洗淨，切片狀，再用沙拉油將豆乾兩面煎香，備用。

3 取一張春捲皮塗抹甜麵醬、香椿嫩葉醬，再擺入黃瓜條、煎香豆乾片，摺成手捲狀，即成。

〔營養成分分析〕

每1份量100克，本食譜含1份

熱量 (kcal)	208	脂肪 (g)	8	反式脂肪 (g)	0	糖 (g)	5
蛋白質 (g)	9	飽和脂肪 (g)	0	碳水化合物 (g)	25	鈉 (mg)	308

〔營養師叮嚀〕

春天養生飲食宜清淡，豆製品是優質蛋白質來源，搭配香椿富含維生素E與特殊濃郁香氣，是適合素食者的抗衰老食材，春天攝取可養陽氣，使身心飛揚。

〔主廚叮嚀〕

1 豆乾以少油煎至金黃，可增加香氣及風味。

2 **快速自製簡易甜麵醬DIY：**取味噌、糖及醬油添加適量開水煮匀即可。

驚蟄

・國曆3月5日——7日

桃始華、倉庚鳴、鷹化為鳩

「驚蟄」是24節氣中第三個節氣，「驚蟄」是指春天來到，春雷初響，萬物萌生，蟄伏的動物因雷響而恢復生機。人體也與自然界相同，於「驚蟄」時，人體肝陽之氣漸升，養生應順應陽氣的升發、萬物始生的特點，使精氣神如春日一樣生機蓬勃。

飲食上，驚蟄時節飲食起居應該順應肝的特性，助益脾胃之氣，令五臟和平。此時宜多吃富含植物性蛋白質、維生素的清淡食物，如：紅蘿蔔、萵苣、豆腐、蜂蜜、銀耳、芝麻、糯米、山藥、蓮子等，並且少吃燥烈辛辣和動物脂肪類食物。

紅蘿蔔味甘、性平（生食偏涼），《本草綱目》提到紅蘿蔔特質為：「**下氣補中，和胸膈腸胃，安五臟，令人健食，有益無損**」。另外此時節常可吃到的萵苣，它味屬甘苦、性質微寒，《隨息居飲食譜》提到萵苣：「**利便，消食**」。而在飲食中常可見的豆腐味甘、性涼，《隨息居飲食譜》提到豆腐特質為「**清熱、潤燥、生津、解毒、補中、寬腸、降濁**」，意指豆腐味甘入脾土，能補中焦和胃氣，助益脾氣；消食、寬腸則暢通腑氣，幫助排便順暢，是春季幫助腸胃的適宜飲食。

中醫師推薦養生食材

- **紅蘿蔔**：味甘、性平。生者偏涼，脾胃虛寒者不宜生食。

- **萵苣**：味苦甘、性涼。建議虛寒、脾胃虛弱及產婦吃時加生薑。萵苣富含草酸，與鈣易結合成草鈣酸，腎結石及泌尿系統患者少食。

- **豆腐**：性偏寒。胃寒者、易腹瀉、腹脹與脾虛者不宜多食，建議宜烹煮後溫熱食用。

驚蟄 ❶ 紅蘿蔔

國曆3月5日——7日・桃始華、倉庚鳴、鷹化為鳩

紅蘿蔔

每100克熱量39大卡，有4.5克的蔗糖產生淡雅的甜味，口感柔軟，可溶性膳食纖維含量高，記得烹調紅蘿蔔加點油脂，讓胡蘿蔔素好吸收，也可讓口感更美味。紅蘿蔔對人體的眼睛、皮膚、呼吸道都有益。

紅蘿蔔豆香貝果

準備時間／15 分鐘
烹調時間／110 分鐘

紅蘿蔔原汁55g
高筋麵粉170g
板豆腐150g
紅蘿蔔渣60g
玉米粉13g
起司絲15g
美生菜適量
沙拉油5g

砂糖5g
鹽1/8匙
酵母粉2.5g
水60cc
植物奶油5g
黑胡椒末1/8匙
鹽1/4匙

1. 紅蘿蔔原汁、高筋麵粉、砂糖、鹽1/8匙、酵母粉、水、植物奶油攪拌均勻至光滑後（若使用攪拌機慢速4分鐘、中速7分鐘），放置室溫45分鐘之後。
2. 將麵團分成4等分，再個別擀平捲成貝果形狀，放置30分鐘發酵，放入滾水，兩面各燙10秒撈起。
3. 移入烤箱，以上火210度、下火190度，定時25分鐘烘烤，即成「紅蘿蔔貝果」。
4. 板豆腐放入棉布中稍微擰乾成豆腐渣，加入紅蘿蔔渣、玉米粉、起司絲、黑胡椒末、鹽1/4匙混合拌勻，再取適量搓揉整成素排狀，即成蘿蔔豆腐排。
5. 取平底鍋倒入沙拉油熱鍋，放入蘿蔔豆腐煎至兩面金黃色，盛起備用。
6. 將烤好的貝果、蘿蔔豆腐排及美生菜組合，即可食用。

〔營養成分分析〕

每1份量100克，本食譜含4份

熱量(kcal)	150	脂肪(g)	2.5	反式脂肪(g)	0	糖(g)	0.5
蛋白質(g)	6	飽和脂肪(g)	0.3	碳水化合物(g)	25.3	鈉(mg)	157

〔營養師叮嚀〕

紅蘿蔔的粗纖維、維生素，可促進腸胃蠕動、增強免疫力，因β-胡蘿蔔素為脂溶性，建議與油脂一起搭配攝取，吸收率加倍！

〔主廚叮嚀〕

製作蘿蔔豆腐排時，水分需瀝乾，因為過多水分會造成軟化，不易整成素排形狀。此外，蘿蔔豆腐排也可因個人口味增加其他食材。

驚蟄 ② 萵苣

國曆3月5日——7日・桃始華、倉庚鳴、鷹化為鳩

萵苣

驚蟄時節，正值萵苣盛產，其鈣、磷、鐵較豐富，亦含有多種維生素和脂肪、胡蘿蔔素和維生素C。豐富的膳食纖維可促進腸胃蠕動，有助排便，並且新鮮的萵苣含鐵量高，很適合貧血的人食用。

萵苣豆包捲

準備時間／10 分鐘
烹調時間／15 分鐘

萵苣4片
紅蘿蔔20g
豆包50g
薑末5g
油5g

醬油5g
鹽2g
薑末適量
糖5g
味噌10g
太白粉5g
水20cc

1 將紅蘿蔔、豆包切小丁。

2 取炒鍋加入油，放入薑末爆香，再續入紅蘿蔔丁拌炒。

3 放入豆包丁、醬油、鹽炒香，即成餡料。

4 將薑末、糖、味噌放入鍋煮沸後，倒入太白粉水，即成醬料。

5 將萵苣洗淨，用滾水燙軟，取一片，放入適量餡料包成捲，依序全部完成，放入容器中，淋入醬料，即可食用。

〔營養成分分析〕

每1份量130克，本食譜含1份

熱量(kcal)	222	脂肪(g)	10	反式脂肪(g)	0	糖(g)	5
蛋白質(g)	15	飽和脂肪(g)	0.74	碳水化合物(g)	18	鈉(mg)	1371

〔營養師叮嚀〕

驚蟄時節，正值萵苣盛產，其鈣、磷、鐵較豐富，亦含有多種維生素和脂肪、胡蘿蔔素和維生素C。豐富的膳食纖維可促進腸胃蠕動，有助排除宿便，並且新鮮的萵苣含鐵量高，很適合貧血的人食用。

〔主廚叮嚀〕

如擔心含鈉量過高，不添加醬料也可以食用。

驚蟄 ③ 豆腐

國曆3月5日——7日・桃始華、倉庚鳴、鷹化為鳩

豆腐

豆腐含有豐富的大豆蛋白及大豆卵磷脂，是素食者主要蛋白質來源，且不含膽固醇和脂肪，可預防心血管疾病的機會。立冬時節，很適合食用豆腐，有補脾益氣、 清熱解毒之效果。

芫荽豆腐扁食

準備時間／10 分鐘
烹調時間／15 分鐘

豆腐240g
素肉末90g
香菜葉30g
太白粉10g
扁食皮15張

胡椒粉5g
鹽2g

香菜根適量
薑絲適量
辣椒粉適量
香油適量
檸檬汁適量

1 豆腐切細放入容器中，加入素肉末、香菜葉、太白粉、胡椒粉及鹽拌勻，即成餡料。

2 取適量餡料包入扁食皮，依序全部完成，放入滾水中煮熟，撈至容器中。

3 放入全部的醬料拌勻，即可食用。

〔營養成分分析〕

每1份量500克，本食譜含1份

熱量(kcal)	610	脂肪(g)	10	反式脂肪(g)	0	糖(g)	0
蛋白質(g)	49	飽和脂肪(g)	2.5	碳水化合物(g)	81	鈉(mg)	1200

〔營養師叮嚀〕

傳統板豆腐用硫酸鈣當凝固劑，因此比起嫩豆腐，含有較豐富的鈣質，可多食用喔！

〔主廚叮嚀〕

醬汁口味清爽，如怕吃下過量的鹽分，不添加也很美味。要選擇傳統豆腐，鈣質才豐富。

春分

・國曆3月20日——22日

元鳥至、雷乃發聲、始電

「春分」的陽光直射赤道，南北半球受光相等，晝夜平分。因此在保健養生應注意維持人體的陰陽平衡狀態，必須著重於養肝，避免辛辣與油炸、燒烤等易上火的刺激性食物，保持飲食清淡，避免火氣過旺而傷肝。

春天肝氣旺盛的同時，五行屬木的肝有時會抑制五行屬土的脾胃，因此養肝之外，還要顧胃氣，以防肝木剋脾土！例如烹飪食物加入少許薑、醋等調味料以平衡食物的屬性，避免寒性食物有損脾胃。

春天盛產的時令蔬菜，如香菜、春筍、黃豆芽、菠菜等均有生發開展的性質。「春分」時節氣候變化大，氣溫不定，容易生病，風寒感冒者可食用香菜，具有辛溫香竄的性質，內通心脾，外達四肢，有溫中健胃作用，寒性體質者適當吃香菜，有助緩解輕微著涼的症狀。

「春筍」接受了春天太陽的照射，有一種生發之氣，酌量食用能夠鼓舞肝膽，但仍以熱食為宜。而同樣具有生長發育能量的「黃豆芽」，排名延年益壽食物的前幾名，味甘、性涼，《本草綱目》提到：「**唯此芽類白美獨異，食後清心養身，具有解酒毒、熱毒，利三焦之功**」。

中醫師推薦養生食材

- **香菜：**味辛，能散。多食或久食，會耗氣、損精神，氣虛者少食。風熱感冒者、狐臭、口臭、胃潰瘍、瘡瘍患者不宜食用。
- **春筍：**味甘，性寒，因此兒童、年老體弱者、消化不良者不要食用。含較多難溶性草酸鈣，建議尿道結石、腎結石及膽結石患者不宜多食。

- **黃豆芽：**膳食纖維較粗，不易消化，且性質偏寒。脾胃虛寒者，不宜久食。

春分 ❶ 香菜

國曆3月20日——22日・元鳥至、雷乃發聲、始電

香菜

香菜為重要辛香料食物，廣泛用於料理中，其含有的維生素C和胡蘿蔔素含量比一般蔬菜都高。

茄汁香菜捲

準備時間／15分鐘
烹調時間／10分鐘

香菜梗110g
瓢乾20g
番茄1/4顆（約25g）

鹽0.5g
太白粉5g

1 香菜洗淨，摘取梗；瓢乾洗淨，加水浸泡至軟。

2 取適量的香菜梗，以瓢乾綑綁成束後，放入滾水中燙熟，撈起，盛盤。

3 番茄洗淨，切碎，放入已加少許油的熱炒鍋拌炒，加入鹽、太白粉增加稠度後，淋在香菜捲上面，即可食用。

〔營養成分分析〕

每1份量30克，本食譜含4份

熱量(kcal)	8	脂肪(g)	0	反式脂肪(g)	0	糖(g)	0
蛋白質(g)	0.5	飽和脂肪(g)	0	碳水化合物(g)	1.3	鈉(mg)	40

〔營養師叮嚀〕

春分時氣候變化大較易感冒。香菜含有特殊風味能促進腸胃蠕動，具有開胃的效果，且富含維生素A、B_1、B_2，可提升免疫力、消除疲勞及代謝老化廢物，適合感冒、消化不良及食慾不振的人食用。

〔主廚叮嚀〕

以瓢乾綑綁時需要綁緊，避免放入滾水中汆燙時鬆開，且不可捆綁太厚，以免食材燙不熟。

春分 ② 春筍

國曆3月20日——22日・元鳥至、雷乃發聲、始電

春筍

春筍素有「春天菜王」的美稱，同時也是春季的最佳的美味蔬食，口感如水果般清脆香甜，其纖維素含量很高，可幫助消化、防止便祕等功能。但有胃潰瘍病史，建議適量食用。

涼拌春筍綜合沙拉

準備時間／15 分鐘
烹調時間／5 分鐘

春筍片40g
紅蘿蔔片6g
美生菜70g
番茄片2片
蘋果片25g
葡萄乾20g
亞麻籽2g

百香果1顆
低脂優格80g

1 春筍片、紅蘿蔔片放入滾水中汆燙至熟，撈起；美生菜洗淨，備用。

2 將百香果洗淨，取果肉與優格放入容器中拌勻，即成百香果優格醬。

3 將全部的蔬果、葡萄乾裝入容器中，淋上水果優格醬，撒上亞麻籽，即可食用。

〔營養成分分析〕

每1份量150克，本食譜含2份

熱量(kcal)	108	脂肪(g)	2.5	反式脂肪(g)	0	糖(g)	10.7
蛋白質(g)	3.5	飽和脂肪(g)	0.7	碳水化合物(g)	18	鈉(mg)	37.2

〔營養師叮嚀〕

春分時節生長的春筍口感脆嫩鮮美，最適合用來拌沙拉；而且春筍的纖維質含量高，搭配百香果優格醬，不僅可以防止便秘，其低熱量，亦是減重者很好的飲食選擇。

〔主廚叮嚀〕

因百香果口感較酸，建議可選擇帶點甜味的優格搭配；此外也可依個人口味選擇喜歡的蔬果加入沙拉，讓營養更均衡喔！

春分 ③ 黃豆芽

國曆3月20日——22日・元鳥至、雷乃發聲、始電

黃豆芽

黃豆芽含有豐富的維生素A、B、C、E，是營養價值極高的豆芽，其發芽過程中，黃豆中使人脹氣的物質會被分解，因此對黃豆不耐的民眾，亦可安心適量食用。

香絲如意

準備時間／15分鐘
烹調時間／20分鐘

黃豆芽100g
紅蘿蔔15g
香菜葉少許

陳年梅子汁10cc

1. 黃豆芽洗淨；紅蘿蔔洗淨，去皮，切細絲；香菜葉洗淨。
2. 將紅蘿蔔絲放入滾水中煮至熟，再放入黃豆芽燙熟，撈起，放入容器中。
3. 放入陳年梅子汁調味拌勻後，最後撒上香菜葉，即可食用。

〔營養成分分析〕

每1份量25克，本食譜含4份

熱量(kcal)	7	脂肪(g)	0.2	反式脂肪(g)	0	糖(g)	0.4
蛋白質(g)	1.1	飽和脂肪(g)	0	碳水化合物(g)	0.7	鈉(mg)	5

〔營養師叮嚀〕

攝取黃豆芽，可預防維生素B_2的缺乏症；且在發芽過程中，容易使人脹氣的物質會被分解，因此對黃豆不耐症的民眾，也可適量食用。

〔主廚叮嚀〕

此道的調味可依照個人的喜好選擇不同果醋，變化不同的口感，且低熱量更適合減重飲食！

清明

天清地明、氣清景明、身清心明

・國曆4月4日——6日

在春分後十五日，迎來了第五個節氣：清明。這時氣候逐漸轉暖，草木萌發，杏桃開花，景象清爽明朗。在春分之後，體內的陰氣逐漸微弱，而肝氣隨著春天來到而愈發旺盛，並於清明時節達到最高峰。如果肝氣過於旺盛，容易對脾胃產生干擾，使食物消化吸收的功能變差，也可能出現情緒失調、氣運行血不暢等問題。

這個時節養生重點在於如何柔肝疏肝，調暢情志，可選擇當季產的菠菜當成養生食材。在《本草綱目・菜部》記載：「**菠菜通血脈，開胸膈，下氣調中，止渴潤燥，根尤良。**」，除了有活血補血的功能外，還有保護眼睛以及延緩細胞老化的功用。

而「木瓜」具有平肝和胃，含豐富的酵素，可促進消化，所含的 β-胡蘿蔔素、維生素C和E，具有抗氧化力，可減少人體細胞受到自由基的傷害。

在清明前後盛產的桑椹，在《本草經疏》說明：「**桑椹者，桑之精華所結也，甘寒益血而除熱，其為涼血補血益陰之藥。**」桑椹含鐵和維生素C的量多，且能促進胃腸蠕動。由於桑椹果實不易保存，可選擇製成果醬，或做個桑椹餅乾，隨時都能嘗到酸酸甜甜的好滋味！

中醫師推薦養生食材

- **菠菜**：含有草酸，會影響人體對鈣的吸收，食用前可以先在熱水燙一下去掉草酸。腎炎、腎結石患者忌吃，脾虛便溏者不宜多食。

- **木瓜**：含有微量番木瓜鹼，每次食用量不宜過多。孕婦與過敏體質者不宜食用。

- **桑椹**：味甘，性寒。腸胃功能較差、容易腹瀉的民眾不宜多食。

清明 ❶ 菠菜

國曆4月4日——6日・天清地明、氣清景明、身清心明

菠菜

菠菜含有豐富的維生素C、胡蘿蔔素、礦物質、鈣、鐵等營養。β-胡蘿蔔素屬於植化素的一種，具抗氧化物作用，可預防細胞癌化分裂。據本草綱目記載，菠菜性甘冷、止渴潤燥等。在清明時節，適宜輔以退火。

菠菜香菇湯

準備時間／10分鐘
烹調時間／15分鐘

菠菜160g
新鮮香菇480g
紅蘿蔔80g

老薑片10g
鹽10g
水1600cc

1 菠菜洗淨，切段；新鮮香菇用濕紙巾擦淨，切片；紅蘿蔔洗淨，去皮，切片，備用。

2 將水倒入湯鍋中煮滾，放入紅蘿蔔片、老薑片煮5分鐘。

3 加入菠菜、新鮮香菇片、鹽續煮1分鐘，即可享用。

〔營養成分分析〕

每1份量580克，本食譜含4份

熱量(kcal)	49.6	脂肪(g)	0.3	反式脂肪(g)	0	糖(g)	0
蛋白質(g)	4.5	飽和脂肪(g)	0	碳水化合物(g)	11.9	鈉(mg)	822

〔營養師叮嚀〕

香菇含有大量的多醣體，具有抗癌的效果，菠菜含有豐富的維生素C、β-胡蘿蔔素、礦物質、鈣、鐵等營養。β-胡蘿蔔素屬於植化素的一種，具抗氧化物作用，可預防細胞癌化分裂。

〔主廚叮嚀〕

此道是將食材煮到恰到好處的熟度，可以品嚐到食材原味的鮮美口感，所以不再加任何的食用油，而鹹度可依個人口味做調整。

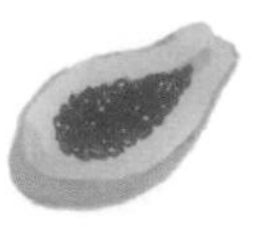

清明 ❷ 青木瓜

國曆4月4日——6日・天清地明、氣清景明、身清心明

青木瓜

100g青木瓜約提供25大卡的熱量及1g的蛋白質，其中的木瓜蛋白酶，可將脂肪分解為脂肪酸，現代醫學發現，青木瓜含有特別的酵素，稱為木瓜蛋白，可幫助蛋白質分解消化，有利人體對食物進行消化及吸收。

青木瓜煎餅

準備時間／8分鐘
烹調時間／20分鐘

中筋麵粉120g
水120g
半熟青木瓜絲120g

油40g
胡椒鹽少許（依照個人口味添加）

1 將中筋麵粉放入容器中，加入水混合均勻呈麵糊狀。
2 放入半熟青木瓜絲再混合均勻，靜置約10分鐘（使麵糊與水融合）。
3 取一煎鍋，加入少許油加熱後，倒入適量的木瓜絲麵糊，雙面煎熟。
4 依序全部完成煎熟後，灑上胡椒鹽，即可食用。

〔營養成分分析〕

每1份量100克，本食譜含4份

熱量(kcal)	206	脂肪(g)	10.4	反式脂肪(g)	0	糖(g)	0
蛋白質(g)	3.5	飽和脂肪(g)	1.4	碳水化合物(g)	24.7	鈉(mg)	1.9

〔營養師叮嚀〕

木瓜本身含有抗氧化的維生素A、β-胡蘿蔔素及番茄紅素，具有預防癌症的效果。其中的木瓜酵素能幫助腸胃消化及吸收。

〔主廚叮嚀〕

建議選擇半熟青木瓜較佳，若是使用已熟成的木瓜烹調後容易出水。

清明 ❸ 桑椹

國曆4月4日——6日・天清地明、氣清景明、身清心明

桑椹

桑椹含有多種維生素，如B_1、B_2、A、D，其中鐵及維生素C含量更是豐富，適合婦女產後體弱或貧血者食用。桑椹汁有預防高血壓作用，適量食用有助於改善老年性便祕。

桑椹餅乾

準備時間／15分鐘
烹調時間／20分鐘

低筋麵粉70g
桑椹果醬60g

無鹽奶油20g
細砂糖10g

1 低筋麵粉用濾網過篩；無鹽奶油切小塊狀，放置在室溫軟化。

2 低筋麵粉、細砂糖混合均勻後，加入桑椹果醬繼續拌勻。

3 分次加入無鹽奶油拌勻後，放入保鮮膜整成長條形，冷凍10分鐘，使麵團變硬。

4 烤箱160℃預熱，烤盤鋪上烘焙紙，將麵團切成0.5公分厚度薄片，鋪在烤盤上。

5 放入烤箱以上下火170℃烤8分鐘，烤盤轉向再烤4分鐘，取出，放涼，即可食用。

〔營養成分分析〕

每1份量30克，本食譜含5份

熱量(kcal)	122	脂肪(g)	3.7	反式脂肪(g)	0	糖(g)	7
蛋白質(g)	1.2	飽和脂肪(g)	1.0	碳水化合物(g)	21	鈉(mg)	5

〔營養師叮嚀〕

清明前後為桑椹盛產期，因果實易過熟變質，所以建議可做成果醬冷藏保存，方便於平常甜點料理時使用，其鐵質及維生素C含量豐富，適合婦女產後體弱或貧血者食用。

〔主廚叮嚀〕

低筋麵粉加入果醬後，可用湯匙將果肉壓出汁來與低筋麵粉充分混勻，待麵粉全被染成紫紅色後，再慢慢加入奶油混合均勻。

萍始生、鳴鳩拂其羽、戴勝降於桑

穀雨

・國曆4月19日——21日・

在清明之後，迎來第六個節氣：穀雨。此時各地雨量開始增多，氣候也變得潮濕起來。作為春末節氣，此節氣的到來意味著寒冷天氣結束，大地氣溫回升速度加快，此時氣溫及雨水有利於穀類農作物的生長，故稱為「穀雨」。

從穀雨開始，氣候普遍多潮濕，如果居住環境及飲食稍有不慎，就容易感受濕邪。濕邪最易損傷脾胃而使人體出現脾濕的症狀，例如消化能力或者胃口變差，身體沉重，容易腹瀉等。因此，穀雨時節養生的重點是祛濕邪，保護脾胃。

知道北方有穀雨食香椿的習俗嗎？所謂「雨前椿芽嫩如絲，雨後椿芽如木質」，在穀雨是吃椿芽最好的時機。鮮椿芽含有胡蘿蔔素和維生素C，試試看搭配養胃生津的大白菜，能幫助春末恢復腸胃的功能。若遇上連日的潮濕氣候，容易讓人全身沉重，感覺疲倦沒胃口，這時候來一碗薏仁茯苓糙米粥，相信能夠幫助恢復消化功能，降低身體的沉重感。

中醫師推薦養生食材

- **鮮椿芽：**味苦，性寒，具有清熱解毒、化濕止瀉，還有健胃理氣的功效。富含鉀離子，多食易腹瀉。孕婦、糖尿病患者不宜食用。

- **薏仁：**味甘，性微寒。具補脾利水功能，但過量薏仁易引起子宮收縮，建議孕婦、痛風患者不宜過食。

- **佛手瓜：**味甘，性涼。腸胃虛弱者，不宜過食。

穀雨 ❶ 鮮椿芽

國曆4月19日——21日・萍始生、鳴鳩拂其羽、戴勝降於桑

鮮椿芽

每100克新鮮香椿，含熱量88大卡，蛋白質4.3克，具高膳食纖維及營養密度，是高鉀、高鈣、高鐵的蔬菜。

香椿佛手白菜

準備時間／10分鐘
烹調時間／20分鐘

材料

大白菜300g（4片）
金針菇25g
秀珍菇20g
紅蘿蔔10g
白飯60g
玉米粉15g

調味料

香椿醬10g

醬料

素蠔油1小匙
白胡椒粉2g
太白粉1大匙
水80cc

作法

1 將大白菜放入滾水燙熟至軟後，浸泡冷水，取底部（白菜梗）部位，底部留2公分，垂直切四刀呈現佛手狀，其餘切下的白菜葉子部位切細碎後，備用。
2 金針菇、秀珍菇、紅蘿蔔切條狀；白飯與香椿醬拌均勻，備用。
3 取一片佛手白菜鋪平，依序鋪上金針菇、秀珍菇、紅蘿蔔及香椿飯捲起，擺盤；將全部的醬料放入炒鍋中拌勻。
4 可將切細碎的白菜葉放置盤中，移入電鍋蒸熟取出，淋上醬料勾薄芡，即可食用。

〔營養成分分析〕

每1份量150克，本食譜含6份

熱量(kcal)	74	脂肪(g)	1.34	反式脂肪(g)	0	糖(g)	0
蛋白質(g)	2.2	飽和脂肪(g)	0.17	碳水化合物(g)	14.3	鈉(mg)	100

〔營養師叮嚀〕

穀雨節氣前後，是香椿萌芽期，是品嚐香椿最好的季節，其氣味特殊，經常用於素菜料理，內含香椿素等揮發性芳香族有機物，可健脾開胃，增加食欲，豐富的維生素C、E、性激素物質，具抗氧化作用，並有「助孕素」的美稱。

〔主廚叮嚀〕

香椿食用方法很多，炒食、醃製或涼拌，也可作調味食用。因特殊香氣，建議酌量添加，以免搶走其他食材風味。

穀雨 ❷ 薏仁

國曆4月19日——21日・萍始生、鳴鳩拂其羽、戴勝降於桑

薏仁

全穀根莖類中的薏仁比起一般白米含有較多的膳食纖維，有助於預防心血管疾病。另外《本草綱目》記載，薏仁及茯苓具有消水腫、利尿功用，在穀雨節氣中，可舒緩體內水氣淤積。

薏芍養生糙米粥

準備時間／3分鐘
烹調時間／25分鐘

薏仁100g　茯苓20g
芍藥10g　糙米70g
甘草3g　水1100cc

1 芍藥、甘草用清水沖淨，加水1100cc煮沸，以小火煮約20分鐘熬煮成養生高湯。糙米洗淨，浸泡水3～4小時。

2 將薏仁、茯苓、糙米放入電鍋內鍋及養生高湯，外鍋倒入水2杯，煮至開關跳起，即可取出食用。

〔營養成分分析〕

每1份量200克，本食譜含6份

熱量(kcal)	116.8	脂肪(g)	1.3	反式脂肪(g)	0	糖(g)	0
蛋白質(g)	3.2	飽和脂肪(g)	0	碳水化合物(g)	22.5	鈉(mg)	12

〔營養師叮嚀〕

薏仁含有豐富的膳食纖維，有助於預防心血管疾病。100g薏仁可提供350卡的熱量及10g的蛋白質，薏仁可促進體內血液和水分的新陳代謝，有利尿消水腫，並可幫助排便。

〔主廚叮嚀〕

1 薏仁若是顆粒狀烹煮，一定要煮至軟爛，如果不夠軟爛，再加半杯水，按下開關，煮至開關跳起即可；外鍋加水多少，可視個人對薏仁的口感調整。

2 顆粒感可隨自己喜好而訂，若不喜歡顆粒感，可利用果汁機，將養生糙米粥打成米糊狀食用。

穀雨 3 佛手瓜

國曆4月19日——21日・萍始生、鳴鳩拂其羽、戴勝降於桑

佛手瓜

佛手瓜富含維生素A、C及微量礦物質鋅、硒等。礦物質硒具有強抗氧化作用，可以保護細胞膜的結構和功能。於穀雨節氣時，佛手瓜可以解熱、舒肝理氣。

佛手瓜蘿蔔糕

準備時間／20分鐘
烹調時間／30分鐘

佛手瓜100g
在來米粉180g
水260cc

鹽2g

1 佛手瓜洗淨，去皮，切絲與水混合，加入鹽，以中火煮滾。
2 將佛手瓜絲撈起，剩餘的水與在來米粉混合均勻，再放入佛手瓜絲拌勻。
3 取蒸鍋內舖上保鮮膜（或麵包紙防止沾鍋），並且倒入**作法2**的麵糊。
4 移入電鍋中，以外鍋1杯半水，跳起後，續悶約15分鐘，即可取出食用。

〔*營養成分分析*〕

每1份量108克，本食譜含5份

熱量(kcal)	130	脂肪(g)	0.2	反式脂肪(g)	0	糖(g)	0
蛋白質(g)	2.3	飽和脂肪(g)	0	碳水化合物(g)	30.2	鈉(mg)	162

〔*營養師叮嚀*〕

100g佛手瓜約可提供25卡及1g蛋白質，且含有較豐富的鉀離子及葉酸，對增強人體抵抗疾病的能力有益。

〔*主廚叮嚀*〕

水與在來米粉的比例需要特別注意，若水分太少，成品的口感會比較偏硬，可以多嘗試製作，自行調整比例掌握成品的美味。

24節氣養生食療

節氣食材

立夏	蓮藕	九層塔	彩椒
小滿	紅豆	冬瓜	大黃瓜
芒種	扁蒲	鳳梨	小黃瓜
夏至	絲瓜	蓮子	紫菜
小暑	四季豆	苦瓜	芒果
大暑	綠豆	蘆筍	西瓜

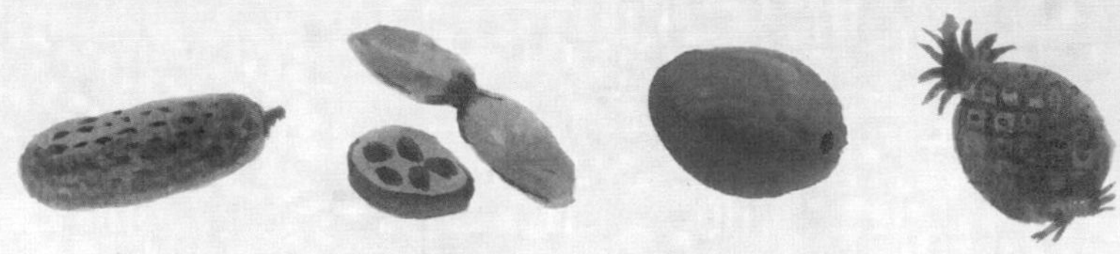

夏季總論

吳佩穎——中醫部主治醫師

提到夏天，不免會想起熱情的陽光，以及悶熱天氣裡涼爽的冷氣及冰品，在夏天裡到底該如何消暑與養生兼顧呢？中醫認為夏季是萬物生長繁盛的季節，就如《黃帝內經》記載，夏日作息應作適量的戶外活動，心情保持愉悅少生氣，同時做好防曬，飲水補充流失的水分，利用清晨或傍晚適度運動流汗，能促進新陳代謝，排出體內代謝的廢物和暑氣。若成天躲在冷氣房中，不僅會愈吹愈悶，更抑制了人體的生長代謝。

夏季天氣雖然熱，但不宜睡在地板上，地板濕氣容易進入體內造成疾病；此外，冷氣要避免直接對著身體吹，以免風邪和寒邪進入人體，容易造成偏頭痛、關節痠痛，脖子僵硬等症狀。

炎熱的夏天常讓人食慾不振，適當的運動能幫助腸胃蠕動，增加食慾；飲食上吃一些清爽的食物促進食慾，或選擇解暑的食材幫助消除體內暑氣。但要特別注意的是，解暑的食物並非是生冷冰涼的食物喔！因為我們的身體生來就具有調節體溫能力，長期吃冰飲冷的人，身體調溫散熱的能力受到阻礙，熱氣排不出體外，就會有喝冰水愈喝愈熱、愈喝愈渴的結果。接著讓我們一起看看有哪些才是營養又解暑的夏日養生蔬果。

斗指東南、維為立夏、萬物至此皆長大

立夏

・國曆5月5日——7日

立夏是進入夏天的第一個節氣，「立」是開始，「夏」是大的意思，表示夏季正式開始。「立夏」就是代表著春天時播種的作物長大了，早植稻穀已將進入抽穗期。國曆五、六月正值冷暖鋒交接期，當冷暖鋒面在台灣上空交接並滯留時，陰雨綿綿的天氣可長達一個月，正好是梅子成熟的季節，所以稱為梅雨季節。

立夏起天氣逐漸炎熱，萬物繁茂，五行中夏季屬火，與心氣相通，此時天地之氣相交，白天開始變長，生活規律應和陽氣變化一致，早睡早起，保持心境平和，安閒自在最養生。當天氣開始變熱，會容易出汗，而「汗為心之液」，汗水流太多時並非促進代謝，反而容易疲倦，因此要特別注意補充水份及體溫調節。

春天過去，進入夏季，中醫的觀點認為：此時肝氣漸弱心氣增加，飲食應選擇清淡、易消化、富含纖維及適當補充水分的食物，例如蓮藕、彩椒、九層塔。

中醫師推薦養生食材

- **蓮藕**：性甘涼，補而性涼，能退體內之熱，為夏季消暑聖品。生食能生津解煩渴，熟食補虛，養心生血，開胃舒鬱。藕粉容易消化吸收，是產後病後虛勞的妙方。

- **九層塔**：葉子具芳香理氣的作用，能調中焦脾胃消食積，消水、行血。民間取九層塔的粗莖及根部作為轉骨方的引藥，具有通經活血的功能，而血虛的人或是月經期間應慎用。

- **彩椒**：富含維生素、茄紅素和胡蘿蔔素，水分多口感清爽，有助於增加食欲。彩椒是最常發現有農藥殘留的食物之一，食用前要清洗乾淨。

立夏 ❶ 蓮藕

國曆5月5日——7日・斗指東南、維為立夏、萬物至此皆長大

蓮藕

蓮藕為水生植物蓮的地下莖，含有多種抗氧化成分，如丹寧酸、兒茶素等，在體內產生複合作用，抗癌效果更佳，是非常營養且對身體有益的食材。

蓮藕蘋果汁

準備時間／8 分鐘
烹調時間／10 分鐘

蓮藕100g
蘋果100g
水150cc

1 蓮藕洗淨，去皮，切片；蘋果去皮，去籽，切塊。
2 將蓮藕及水放入電鍋中蒸熟，起鍋後，放涼。
3 將**作法2**及蘋果放入果汁機中攪打均勻，倒入容器中即可食用。

〔營養成分分析〕

每1份量350克，本食譜含1份

熱量(kcal)	116	脂肪(g)	0.38	反式脂肪(g)	0	糖(g)	0
蛋白質(g)	2.46	飽和脂肪(g)	0	碳水化合物(g)	26.8	鈉(mg)	20.8

〔營養師叮嚀〕

蓮藕煮熟後，由寒性轉溫性，具有補氣止瀉的效果。蓮藕營養價值豐富，含大量膳食纖維、黏蛋白、蛋白質、維生素及多種礦物質，是老少皆宜的美食，富含的膳食纖維及黏蛋白可促進腸蠕動，預防便祕及痔瘡。

〔主廚叮嚀〕

果汁濃稠度及甜度，可依個人喜好增加水量或蜂蜜調味。

立夏 2 九層塔

國曆5月5日——7日・斗指東南、維為立夏、萬物至此皆長大

九層塔

每100克含有熱量28大卡、蛋白質2.9克、鐵質4.7毫克、膳食纖維3.4克，是高鐵及高纖蔬菜。九層塔獨特的丁香風味，是接受度很高的辛香蔬菜，且所含微量天然的黃樟素不會致癌，反而是抗癌營養素。

塔香花式煎餅

準備時間／10 分鐘
烹調時間／15 分鐘

九層塔10g
低筋麵粉110g
奶粉8g
無鋁泡打粉4g
鹽1/4茶匙
水140cc

素火腿20g
馬鈴薯100g
玉米粒20g
起司絲20g

鹽1/4茶匙
白胡椒粉1/4茶匙

1. 九層塔、低脂麵粉、奶粉、無鋁泡打粉、鹽1/4茶匙、水140cc混合攪拌均勻成麵糊，放置10分鐘。
2. 平底鍋預熱，先將素火腿炒熟；馬鈴薯去皮，蒸熟，搗碎成泥狀。
3. 將素火腿、馬鈴薯泥、玉米粒、調味料放入容器中拌勻，分成5份內餡。
4. 平底鍋抹油轉小火，取適量麵糊下鍋呈橢圓餅狀，鋪上適量起司絲及1份內餡，待麵糊呈金黃色，捲成手捲狀，依序全部完成，即可食用。

〔營養成分分析〕

每1份量60克，本食譜含5份

熱量 (kcal)	130	脂肪 (g)	2.2	反式脂肪 (g)	0	糖 (g)	0
蛋白質 (g)	4.5	飽和脂肪 (g)	0.5	碳水化合物 (g)	22	鈉 (mg)	276

〔營養師叮嚀〕

身心會受到節氣氣候交接時影響，血紅素、血容量在冷鋒暖流間會忽高忽低的波動，可知氣候轉換對人身的關聯。九層塔含豐富的維生素A、C，可增強免疫、抗血管氧化，含有鎂、鐵離子，對神經傳導及血紅素生成有幫助。

〔主廚叮嚀〕

製作花式煎餅時，建議摘取九層塔嫩葉部分再切末，口感大加分！為避免營養素流失，建議短時間烹調。

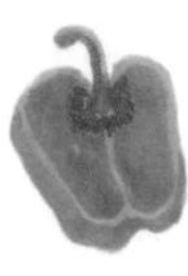

立夏 ③ 彩椒

國曆5月5日——7日・斗指東南、維為立夏、萬物至此皆長大

彩椒

甜椒富含β-胡蘿蔔素、B群、C、鉀、磷、鐵……等營養素。烹調上搭配油脂拌炒，更能提高對類胡蘿蔔素的吸收。採買選擇上宜以皮薄肉厚、果面平滑為佳。因蒂頭凹陷處易殘留較多農藥，建議應用流動水刷洗乾淨。

彩椒薑黃鑲飯

準備時間／15分鐘
烹調時間／20分鐘

紅甜椒1顆（約150g）
黃甜椒1顆（約125g）
白飯（冷）100g
素肉片15g
乾香菇1朵
素火腿10g
鮮木耳10g
紅蘿蔔10g
金針菇10g
葡萄乾5g
葵瓜子5g

大豆油15g
鹽少許
薑黃粉1g
海苔粉少許

1 紅、黃甜椒洗淨，從蒂頭處大約1/4切開，挖去內囊及籽，備用。
2 素肉片、香菇分別泡水至膨脹後，切粗末，備用。
3 素火腿、鮮木耳、紅蘿蔔、金針菇分別切粗末，備用。
4 取炒鍋倒入大豆油加熱，加入**作法2**爆香，再依序加入**作法3**、葡萄乾、葵瓜子拌炒。
5 加入白飯、薑黃粉拌炒均勻，以少許鹽調味，分別盛入甜椒裡面。
6 將甜椒盅置入簡易烤箱中烤約5分鐘，使甜椒微軟，即可取出，灑上海苔粉，即可食用。

〔營養成分分析〕

每1份量200克，本食譜含2份

熱量(kcal)	250	脂肪(g)	9.8	反式脂肪(g)	0	糖(g)	1.4
蛋白質(g)	8.5	飽和脂肪(g)	1.4	碳水化合物(g)	32	鈉(mg)	62.8

〔營養師叮嚀〕

立夏時期天氣漸熱，飲食上宜以清爽易消化為主。甜椒鑲飯以拌炒方式提升食材的香氣，並可縮短甜椒入烤箱時間，保留較完整營養素。藉由甜椒盛裝炒飯除可增加蔬菜攝取量外，微烤後的甜椒亦可讓炒飯口感更清爽。

〔主廚叮嚀〕

製作炒飯所使用的米飯，建議用冷飯且先鬆飯後，再入鍋，比較能拌炒均勻呈現顆粒分明。

作物飽滿、憧憬殷實

小滿

・國曆5月20日—22日

夏季的第二個節氣是「小滿」。大陸北方前一年種植的「冬小麥」麥苗受到融化雪水灌溉，慢慢的結穗、飽滿，「小滿」即象徵著稻穀行將結實之意。

此時，台灣中南部地區水稻已屆抽穗末期，進入乳熟，黃熟期。同時也是梅雨季節，如果這時候雨水太少，暗示著很有可能會有乾旱發生，俗話說：「**小滿不下，乾斷塘壩。**」

小滿後天氣轉變，氣候炎熱，雨水繁多，人體則容易因為濕熱交雜而煩躁不安，也容易有皮膚疾患或癢疹復發。因此這個時節的飲食要以清爽清淡為主，可常吃清熱利濕的食物，例如紅豆、冬瓜、大黃瓜。以上這類食物，脾胃較弱的人要適量食用，或在烹調時加些薑黃或薑絲減弱寒性。

中醫師推薦養生食材

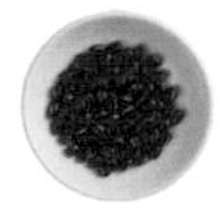

- **紅豆**：性味甘平，是優良的蛋白質來源。紅豆是鹼性的豆類，可以中和身體的酸鹼質，活化心臟功能，具溫補作用。急性腸胃炎、口內炎不適合食用。

- **冬瓜**：味甘淡，具有利水、化咳、止喘、消水等作用，是夏季清熱消暑的好食材。其含鈉低，對於腎功能差、高血壓患者是很理想的蔬菜。

- **大黃瓜**：又名胡瓜，具有清熱、利水、淨化血液及消腫的作用。胃食道逆流、慢性支氣管炎或生理期前後建議適量食用。

小滿 ❶ 紅豆

國曆5月20日——22日・作物飽滿、憧憬殷實

紅豆

紅豆含有蛋白質、醣類、脂肪、膳食纖維、維生素B群、維生素E、鉀、鈣、鐵、磷、鋅……等營養素。因紅豆含醣量高和米飯一樣同屬全穀根莖類且富含磷離子及鉀離子，因此腎臟病及糖尿病患者須控制食用量。

紅豆奇亞籽凝凍

準備時間／20分鐘
烹調時間／60分鐘

材料

蜜紅豆60g
奇亞籽20g
綠茶茶包1包
吉利T7g

調味料

水550cc
冰糖15g

作法

1 綠茶茶包放入熱水150cc，浸泡約3～5分鐘。

2 將奇亞籽放入泡好的綠茶中約15～20分鐘（製作過程中需適度攪拌，使種子充分吸水）。

3 慢慢將冰糖及吉利T，依序溶入剩餘的熱水中（水溫控制在90℃左右）。

4 將**作法2**與**作法3**混合均勻，置於容器中，等待凝結後，放入適量的蜜紅豆，即可食用。

〔營養成分分析〕

每1份量150克，本食譜含2.6份

熱量(kcal)	117.3	脂肪(g)	2.3	反式脂肪(g)	0	糖(g)	14.8
蛋白質(g)	3.4	飽和脂肪(g)	0	碳水化合物(g)	19.5	鈉(mg)	11.8

〔營養師叮嚀〕

炎熱潮濕的天氣總想來杯沁涼的飲料，冰涼紅豆奇亞籽凝凍，除了紅豆本身具利水作用外，奇亞籽亦提供豐富的Omega-3脂肪酸及膳食纖維。想控制熱量者亦可自備無糖紅豆湯，或調整冰糖用量。

〔主廚叮嚀〕

吉利T比洋菜粉更易溶解，且靜置室溫下即可凝固，是現代忙碌上班族製作果凍的好幫手。

小滿 ❷ 冬瓜

國曆5月20日——22日・作物飽滿、憧憬殷實

冬瓜

冬瓜鈉含量低、所含的維生素B_1、B_2、C及油酸……等，具有利水、協助減少醣類轉為脂肪囤積等作用，是減重及慢性腎臟病族群可選擇的食材之一。購買時宜以瓜皮呈深綠色、瓜囊空間較大為佳，購買後保留瓜皮及瓜瓤，食用前再去除可保存較久。

準備時間／15 分鐘
烹調時間／20 分鐘

冬瓜100g
素火腿30g
瓠瓜乾1條

水200cc
油1/2茶匙
薑黃粉2g
香菇粉少許
鹽少許

1 冬瓜去皮及籽，切成方型厚片狀；素火腿切片；瓠瓜乾浸泡水至軟，備用。

2 取一塊冬瓜片，放入一片素火腿，再放置一塊冬瓜塊，以瓠瓜乾綑綁，依序全部完成，備用。

3 取一炒鍋倒入油及水，放入**作法2**、薑黃粉、香菇粉及鹽煮至熟，即可食用。

〔營養成分分析〕

每1份量75克，本食譜含2份

熱量(kcal)	40	脂肪(g)	1.6	反式脂肪(g)	0	糖(g)	0.4
蛋白質(g)	2.7	飽和脂肪(g)	0.25	碳水化合物(g)	3.3	鈉(mg)	129.4

〔營養師叮嚀〕

冬瓜是具利水消暑的食材，在喜好食用冰品的夏季，將薑黃粉加入冬瓜料理，既可稍稍暖胃，又不若咖哩般辛辣刺激，是夏季養生的好食材。

〔主廚叮嚀〕

冬瓜皮內側白色部分亦是消暑聖品，大量使用冬瓜時，可將其另製一道涼拌菜。

小滿 ❸ 大黃瓜

國曆5月20日——22日・作物飽滿、憧憬殷實

大黃瓜

大黃瓜具有水分含量高、熱量低且含丙醇二酸可抑制醣類轉為脂肪的特性，不論是生食或入菜，對於需控制體重族群而言是一可選擇的食材。採買宜以色澤青綠，具重量感、外型硬挺不皺縮、表皮有凹凸假刺為佳。

韓式大黃瓜泡菜

準備時間／20 分鐘
烹調時間／10 分鐘

大黃瓜半條
水梨2片

韓式辣椒粉（細）1g
冰糖30g
味噌3g
白醋100cc

1 大黃瓜洗淨，去皮、去籽，切薄片，以少許的鹽抓醃，脫水後，備用。
2 水梨去皮、去籽囊，切細條，備用。
3 韓式辣椒粉、冰糖、味噌、白醋放入容器中拌勻。
4 放入大黃瓜、水梨拌勻，移至冰箱冷藏1～2小時，即可取用。

〔營養成分分析〕

每1份量100克，本食譜含3.3份

熱量 (kcal)	99	脂肪 (g)	0.2	反式脂肪 (g)	0	糖 (g)	20.3
蛋白質 (g)	0.6	飽和脂肪 (g)	0	碳水化合物 (g)	24	鈉 (mg)	698.2

〔營養師叮嚀〕

1 市售泡菜食材大多是以蘿蔔、大白菜或小黃瓜為主材料，但使用夏季盛產的大黃瓜亦不失為一道開胃小菜。
2 這道韓式大黃瓜泡菜熱量及鹽份主要來自於醃製所需醋、鹽及糖。若以筷子夾取韓式大黃瓜泡菜，則熱量及鹽分的攝取會減少一半以上。

〔主廚叮嚀〕

1 大黃瓜切薄片後，經由多次鹽抓醃、濾水，可讓成品脆度提升。
2 因製作過程中未添加防腐劑，最佳賞味期為3天。

芒種

・國曆6月5日——7日

銀雨預兆豐收、有芒作物成熟

夏季的第三個節氣是「芒種」。芒種到了，可以看到南臺灣的一期稻作，結出了帶著細芒的穀穗，提醒著梅雨季的結束，午後雷陣雨的來臨，以及漸漸炎熱起來的天氣。

然而「四月芒種雨，五月無乾土，六月火燒埔」。接連著梅雨季的這個節氣，除了降雨較多帶來的潮濕，隨之而來的還有逐漸上升的氣溫。古人將我們的脾胃比喻為長養萬物的土地，健康的脾胃能正常地調節暑濕對人體的影響，能將多餘的水分和熱代謝出人體。若身體的調節力不足，濕熱的天氣常使人們食慾不振、腹脹、消化不良，也容易出現濕疹、搔癢、足癬等皮膚病症。

因此飲食上便需要十分的留意，例如端午節的粽子是糯米製的食品，對脾胃的負擔較大，容易造成消化不良，不宜過量食用。而當季所產，口感清爽的小黃瓜、扁蒲等具有清熱祛濕效果，適合在午餐適度的攝取，讓我們的脾胃與濕熱氣候達到一個和諧的平衡。

中醫師推薦養生食材

- **扁蒲**：性涼味甘淡，功效為清熱、利水、通淋。扁蒲水分多，熱量低，可利尿改善水腫。因其寒涼，脾胃虛寒者不宜多食。

- **鳳梨**：具有補脾胃，固元氣的功能。而其中所含的「鳳梨酵素」，更有助消化、抗凝血、去腥的功能。食用前抹些鹽在果肉上，能減少咬舌感。鳳梨不適合空腹食用；此外因糖分較高，肥胖及血糖較高者須留意。

- **小黃瓜**：氣味甘寒，含水量高，具有清熱利水解暑的功效。含有具生物活性的黃瓜，還可以促進代謝，外敷於皮膚有潤膚除皺的功能。胃寒者多服，易腹瀉。

芒種 1 扁蒲

國曆6月5日——7日・銀雨預兆豐收、有芒作物成熟

扁蒲

每100克熱量僅19大卡、蛋白質5克、纖維含量低屬於低渣蔬菜。扁蒲營養各方面表現平庸，也因此沒有不能吃扁蒲的人。柔軟低調的扁蒲反而可讓更多人多吃幾口。

百福起酥鹹派

準備時間／8 分鐘
烹調時間／30 分鐘

材料

扁蒲140g
金針菇30g
杏鮑菇30g
黑木耳絲40g
紅蘿蔔絲25g
乳酪絲20g
起酥皮4片

調味料

鹽2g
黑胡椒5g

作法

1. 扁蒲去皮、刨細絲，加入鹽1g醃至出水後，擠乾後，備用。
2. 金針菇切絲狀；與杏鮑菇下鍋乾炒至乾燥，起鍋，備用。
3. 將扁蒲絲、**作法2**、黑木耳絲、紅蘿蔔絲、黑胡椒及鹽1g拌勻，即成內餡。
4. 取一張起酥皮，放入適量的內餡、乳酪絲，對摺包好，利用叉子按壓（3邊）使起酥皮封口，整成派狀，依序全部完成。
5. 烤箱180度預熱後，放入百福起酥鹹派烤20～25分鐘至膨脹成金黃色，即可取出食用。

〔營養成分分析〕

每1份量80克，本食譜含4份

熱量(kcal)	273	脂肪(g)	21.4	反式脂肪(g)	0	糖(g)	0
蛋白質(g)	4.1	飽和脂肪(g)	16.6	碳水化合物(g)	16.4	鈉(mg)	173.6

〔營養師叮嚀〕

芒種氣候雨水變多，陽光充足，但部分葉菜類反而不耐強烈日曬產量減少，但帶梗的或瓜果類卻開始飽滿鮮甜。扁蒲有助利水消腫、增強機體免疫功能，同時也含有豐富的維生素C，能促進抗體的合成，提高人體抗病毒能力。

〔主廚叮嚀〕

製作百福起酥鹹派內餡時，食材一定要盡量使之乾燥，成品才有酥脆清爽的口感。

芒種 ② 鳳梨

國曆6月5日——7日・銀雨預兆豐收、有芒作物成熟

鳳梨

每100克熱量51大卡、碳水化合物有13.6克、膳食纖維1.1克。甜味來源有30%葡萄糖、30%果糖跟40%蔗糖。含有鳳梨蛋白酶，可幫助消化吸收，可與油膩食物一起料理，幫助消化吸收。

鳳梨素鬆

準備時間／5 分鐘
烹調時間／15 分鐘

豆乾丁110g（約3片）
金針菇60g
杏鮑菇90g
黑木耳末60g
鳳梨丁155g
杏仁條20g
萵苣葉4片

黑（或白）芝麻醬20g
鹽2g

1 金針菇、杏鮑菇分別切成小段狀；杏仁條，用小火乾鍋炒香，盛起，備用。

2 取一平底鍋加入油燒熱，加入豆乾丁炒香後，放入金針菇、杏鮑菇、黑木耳末炒拌。

3 再放入鳳梨丁、黑芝麻醬、鹽拌勻後起鍋，灑上杏仁條，搭配萵苣葉，即可食用。

〔營養成分分析〕

每1份量90克，本食譜含8份

熱量(kcal)	176	脂肪(g)	9.6	反式脂肪(g)	0	糖(g)	0
蛋白質(g)	9.6	飽和脂肪(g)	0.01	碳水化合物(g)	13	鈉(mg)	123.5

〔營養師叮嚀〕

芒種約在端午節前後，天氣已進入典型夏季，濕氣高，易感到身心倦怠、精神散漫，因此要特別提升免疫力，鳳梨除了含有維生素B_1可消除疲勞，改善腹瀉，特別的還有蛋白酶可以分解蛋白質，幫助人體對蛋白質的吸收消化！

〔主廚叮嚀〕

市售的鳳梨罐頭，製作過程中蛋白活性酵素會受到破壞，建議選擇新鮮鳳梨較佳。

芒種

國曆6月5日——7日・銀雨預兆豐收、有芒作物成熟

❸ 小黃瓜

小黃瓜

瘦身蔬菜小黃瓜每100克熱量13大卡，膳食纖維有1.3克，是高纖蔬菜之一。小黃瓜大多當作配角，增加菜餚爽口度，或作為醃菜小菜。營養價值中因有丙醇二酸可抑制醣類轉化成脂肪，最近吃太甜時，記得啃條小黃瓜。

黃金飛盤

準備時間／10分鐘
烹調時間／18分鐘

麵線120g
杏鮑菇丁30g
小黃瓜丁45g
紅甜椒丁25g
黃甜椒丁25g
素火腿丁30g
沙拉油3g
玉米粉水適量

二砂5g
番茄醬10g
烏醋10g

1 將麵線放入滾水中煮至熟，撈起，浸泡冷水放涼，瀝乾，備用。

2 取一炒鍋加入油熱鍋，放入杏鮑菇丁、小黃瓜丁、紅黃甜椒丁、素火腿丁拌炒至有香氣。

3 倒入糖醋醬料拌炒均勻，放入玉米粉水勾芡，盛盤，備用。

4 平底鍋抹油，取適量的麵線下鍋整成圓餅狀，煎至兩面金黃色，依序全部完成，搭配**作法3**配料，即可食用。

〔營養成分分析〕

每1份量85克，本食譜含4份

熱量(kcal)	206	脂肪(g)	3.4	反式脂肪(g)		糖(g)	0.2
蛋白質(g)	4.6	飽和脂肪(g)	0.2	碳水化合物(g)	39	鈉(mg)	976

〔營養師叮嚀〕

芒種的氣溫高且伴隨午後雷陣雨，彌漫濕熱之際，清爽的小黃瓜就很適合做為開胃料理，富含膳食纖維、維生素A、C、鉀、鈣、鐵等，可促進食慾、調節消化系統，並可延緩脂肪形成，有助於降低膽固醇。

〔主廚叮嚀〕

小黃瓜、甜椒拌炒時間不要太久，才能保有蔬菜清脆的口感，營養素也不會因為久煮而流失養分。

夏至

晝長夜短、驕陽如火

・國曆6月20日——22日

夏季的第四個節氣是「夏至」。夏至，是一年之中白晝最長的一天，農人們正忙著一期作物的採收，以及二期早植作物的播種。正如俗諺所說的：「夏至早晚鋸」、「夏至，種籽齊去」。

此時的降雨型態，正是「西北雨，落不過田岸」急驟的區域性降雨，也在炎熱的夏日中帶來了一絲涼意。夏至雖然不像小暑、大暑這兩個節氣那麼炎熱，但仍容易使人感到慵懶，或是食慾不振。這時候依循著古代傳統，在夏至時節裡吃個清爽的麵食，是不錯的選擇。

中醫理論認為，汗液會帶走人體的「氣」與「津液」，因此容易有倦怠、煩悶、煩躁等症狀出現。適度的休息，及足夠的水分補充，顯得十分的重要。飲水的部分要特別注意，避免冰涼的飲料或一次大量的飲用，才不至於讓原本高溫運作的身體，因為驟降的溫度而當機。至於餐桌上的開胃推薦名單，例如當令的絲瓜、蓮子、紫菜都是此一時節的最佳選擇。

中醫師推薦養生食材

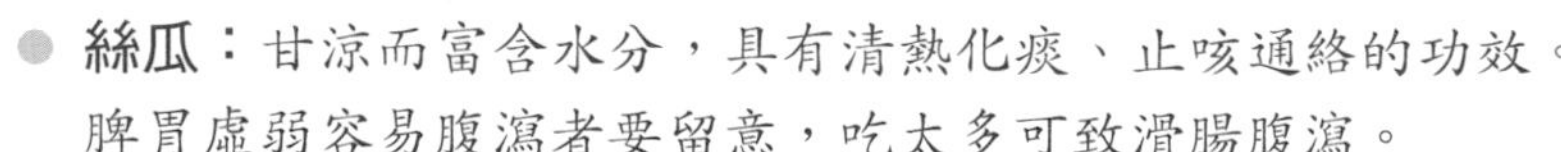

- **絲瓜：**甘涼而富含水分，具有清熱化痰、止咳通絡的功效。脾胃虛弱容易腹瀉者要留意，吃太多可致滑腸腹瀉。

- **蓮子：**味甘、澀，性平，具有養心益腎、補脾止瀉的功效。但若是腸胃痞脹、大便乾燥者不宜多服。

- **紫菜：**性味甘，鹹而寒，具有清熱除煩的功用。紫菜含高碘，常用治療或預防甲狀腺腫大。紫菜偏寒，多食容易造成脹氣腹痛，脾胃虛者需多加留意。

夏至 ❶ 絲瓜

國曆6月20日——22日・晝長夜短、驕陽如火

絲瓜

每100克17大卡，蛋白質1.1克，膳食纖維1克。溫和、柔韌潤滑度非常夠的絲瓜，非常適合老年人口乾、牙口差者，可切小塊食用。絲瓜含有皂素，務必煮熟享用。

絲瓜鑲豆腐

準備時間／10分鐘
烹調時間／15分鐘

絲瓜100g
生香菇丁25g
紅蘿蔔丁20g
素火腿丁35g
豆腐130g
玉米粉30g

鹽3g
白胡椒1g
素蠔油3g

1 絲瓜削皮，洗淨，切成段狀，把中間的籽囊挖空，備用。
2 生香菇丁、紅蘿蔔丁、素火腿丁、豆腐、玉米粉、全部調味料放入容器中混勻，即成餡料。
3 取適量的餡料揉成團狀，塞入絲瓜中間裡，依序全部完成，移入電鍋中，外鍋水1杯蒸至熟，取出即可食用。

〔營養成分分析〕

每1份量120克，本食譜含3份

熱量(kcal)	114	脂肪(g)	3.6	反式脂肪(g)	0	糖(g)	0
蛋白質(g)	6	飽和脂肪(g)	0	碳水化合物(g)	15	鈉(mg)	496

〔營養師叮嚀〕

端午節剛過，夏至就來報到，宣告著氣溫要節節高升囉！絲瓜的低熱量、高含水量可增飽足感，內含的核黃素，可保持神經機能正常，防止疲勞。提醒絲瓜宜烹煮熟透後，再食用，以防內含的植物黏液及木膠質，刺激腸胃。

〔主廚叮嚀〕

建議絲瓜挖空時，需保持一定的厚度，避免絲瓜因蒸熟而軟塌。

夏至 ❷ 蓮子

國曆6月20日——22日・晝長夜短、驕陽如火

蓮子

蓮子是荷花的種子，月餅的蓮蓉餡也是用蓮子製作出來的；乾燥的蓮子要浸泡後才容易煮軟，蓮子中間青綠色的胚芽（蓮芯）要去除，否則會有苦味喔！

蓮子紅藜磯邊燒

準備時間／10分鐘
烹調時間／15分鐘

材料

蓮子30g　乾香菇30g
紅藜15g　油15g
糙米80g　韓式海苔30g
白米80g

調味料

海鹽2g
胡椒粉少許
水200cc

作法

1 蓮子、糙米、白米洗淨後加水浸泡1小時，加入洗淨的紅藜及水，用電鍋蒸煮至熟。
2 乾香菇泡水至軟，切末，爆香，放入蓮子紅藜飯中拌勻。
3 趁熱加入海鹽、胡椒粉調味。
4 將韓式海苔撕下小片，並將蓮子紅藜飯包入，即可食用。

〔營養成分分析〕

每1份量135克，本食譜含4份

熱量(kcal)	155.6	脂肪(g)	3.2	反式脂肪(g)	0	糖(g)	0
蛋白質(g)	5.1	飽和脂肪(g)	0.1	碳水化合物(g)	28.6	鈉(mg)	145.9

〔營養師叮嚀〕

蓮子含有維生素B_2、蛋白質、維生素E、膳食纖維、鈣、鐵、鉀等營養成分，同時蓮子有助於活化酵素、維持神經傳導等功能，而紅藜富含纖維素、鈣、鎂、鉀及蛋白質、甜菜色素等，是抗氧化、抗癌、預防便祕的好幫手。

〔主廚叮嚀〕

1 **紅藜清洗：**紅藜顆粒細小，會浮在水面，用水清洗後用篩網過濾即可。
2 海苔包裹飯後要立即食用以免海苔變軟。
3 如果是使用新鮮蓮子則不需要加水浸泡，直接和米一起蒸熟即可。
4 海鹽最後再加，可以減少鹽的用量，達到低鈉的效果！

夏至 ③ 紫菜

國曆6月20日——22日・晝長夜短、驕陽如火

紫菜

紫菜屬於「藻類」，是素食飲食重要的B群及鋅的食物來源。全素者建議每天攝取一些藻類，以達到DRIS（國人膳食營養素參考攝取量）喔！

夏日米線佐紫菜酥

準備時間／10 分鐘
烹調時間／10 分鐘

紫菜12g
越南米線100g

海鹽2g
麻油4g
芝麻4g
胡椒粉少許
昆布醬油40g
芥末20g
糖（或蜂蜜）少許

1 紫菜兩面抹上麻油，用小烤箱烤2分鐘（或用乾鍋炒至酥）。
2 撕成小片後，灑上海鹽及胡椒粉，混勻成為紫菜酥。
3 芝麻用湯匙壓破，加入昆布醬油、芥末、少許糖調成芥末醬汁。
4 越南米線用冷水浸泡15分鐘，放入滾水中煮軟，立即取出，浸泡冷開水至涼。
5 將越南米線放入盤中，淋上芥末醬汁，撒上紫菜酥，即可食用。

〔營養成分分析〕

每1份量70克，本食譜含4份

熱量(kcal)	99.5	脂肪(g)	2.7	反式脂肪(g)	0	糖(g)	42.5
蛋白質(g)	181.3	飽和脂肪(g)	0.3	碳水化合物(g)	7.1	鈉(mg)	684.3

〔營養師叮嚀〕

紫菜含有纖維素、維生素A、維生素B群、維生素C、磷、鐵、ß-胡蘿蔔素、碘及紅藻素、膠質等營養素，對於預防便祕、貧血及維護甲狀腺的健康也很有幫助。

〔主廚叮嚀〕

1 烤紫菜時要注意時間，烤過久容易燒焦。
2 紫菜酥要在吃前才放入，以免軟化影響口感。
3 可依個人口味搭配小黃瓜絲、胡蘿蔔絲等蔬菜一起食用。

小暑

・國曆7月6日——8日

溫風至、蟋蟀居宇、鷹始鷙

夏季的第五個節氣是「小暑」。古代曆書說：「斗指辛為小暑，斯時天氣已熱，尚未達於極點，故名小暑」。因此，「小暑」養生的原則就是避免過度曝曬在高溫環境中，並多補充身體流失的水分與電解質，食材選擇以清爽涼口、能利濕清熱的瓜類蔬果為主，例如絲瓜、黃瓜、瓠瓜、冬瓜等，其中更以苦瓜效果最佳。

另外在小暑時節，因為蒸發作用旺盛，常有午後雷陣雨，形成既濕又熱的氣候，老祖先有「冬不坐石，夏不坐木」之說，其原因在於表面看似乾燥的枯木，裡頭卻蘊含著水濕瘴氣。在飲食上同樣也要避免因為天熱貪涼而過度嗜冰飲冷，阻礙身體內的陽氣運作，使濕氣積聚在體內。若濕氣太重，身體會感覺又悶又熱，婦女甚至會有白帶的困擾，此時在料理中加些辛溫的佐料，可以微微發汗幫助水分代謝，舉例來說：四季豆、高麗菜、空心菜搭配辣椒、蔥花、薑絲、蒜末、豆豉等，都能開胃、除濕、助消化。

中醫師推薦養生食材

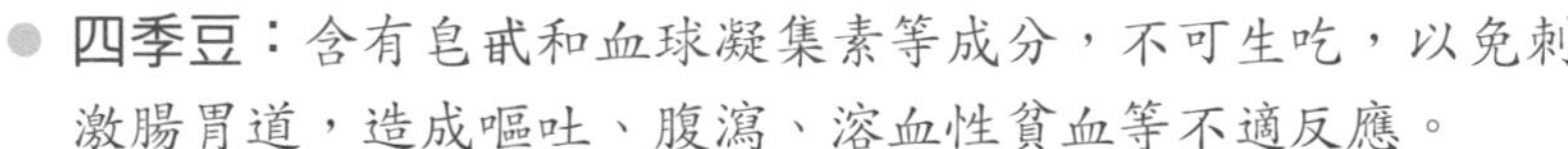

- **四季豆**：含有皂甙和血球凝集素等成分，不可生吃，以免刺激腸胃道，造成嘔吐、腹瀉、溶血性貧血等不適反應。

- **苦瓜**：其味苦，性寒涼，能降肝火、祛熱邪、開胃氣、厚脾胃。常有心煩易怒、有便祕、口氣重困擾者最宜。

- **芒果**：是溫熱食物，吃多易「上火」，或積聚在腸胃產生「濕氣」，造成腸胃不適、身體困重、皮膚過敏或瘙癢症狀，建議酌量食用。

小暑 ❶ 四季豆

國曆7月6日——8日・溫風至、蟋蟀居宇、鷹始鷙

四季豆

四季豆側邊含有粗纖維，如果不太會撕，可先汆燙過就很好撕下來！四季豆水分較少，汆燙殺菁後，可做為自製冷凍蔬菜，很適合作為颱風季的備用菜，或者切碎做成水餃，也非常方便美味喔！

川味四季豆拌醬

準備時間／10 分鐘
烹調時間／5 分鐘

四季豆200g
豆乾120g

麻辣醬15g
醬油20g
鹽2g
水80cc

1 四季豆洗淨，切小丁；豆乾洗淨，切小丁。

2 取炒鍋放入少許油，加入麻辣醬炒香，放入四季豆、豆乾丁、醬油拌炒。

3 倒入水煮至入味，加入鹽調味，盛入盤中，即可食用。

〔營養成分分析〕

每1份量110克，本食譜含4份

熱量(kcal)	86	脂肪(g)	4.2	反式脂肪(g)	0	糖(g)	0
蛋白質(g)	10	飽和脂肪(g)	0.6	碳水化合物(g)	6.2	鈉(mg)	730.8

〔營養師叮嚀〕

四季豆又稱為敏豆，原產於熱帶美洲，含有維生素B_1、C、及鈣、磷、鐵等微量元素；微辣的口感可以刺激食慾，最適合炎熱的夏天食用。

〔主廚叮嚀〕

1 做好的四季豆辣醬可以拌麵或拌飯都很好吃。

2 如果不用豆乾，也可以改用素肉末或百頁豆腐。

3 如果沒有麻辣醬也可以用辣豆瓣醬來取代。

小暑②苦瓜

國曆7月6日——8日・溫風至、蟋蟀居宇、鷹始鷙

苦瓜

苦瓜含有豐富的維生素C，烹調的方式以大火快炒或是用涼拌的方式為宜，若烹調時間過長，可能會造成營養成分流失。若要去除苦味，可將中間部分那層白膜挖乾淨，及用斜切的方式，就能把苦瓜的苦味最大程度散掉。

冰鎮味噌苦瓜豆腐

準備時間／15 分鐘
烹調時間／30 分鐘

苦瓜250g
嫩豆腐70g
紅蘿蔔丁10g

味噌3g
玉米粉10g
鹽1g

1. 將苦瓜洗淨，切薄片，放入滾水中汆燙約1分鐘，撈起，放入冰水中冰鎮10分鐘。
2. 將味噌放入容器中，加入水50cc，拌入苦瓜中拌勻，移入冰箱冷藏15分鐘。
3. 嫩豆腐切薄片放置盤中，再放置苦瓜堆疊為花朵狀。
4. 取紅蘿蔔丁、味噌水、玉米粉、鹽放入湯鍋中以小火煮沸，淋於味噌苦瓜豆腐上面，即可食用。

〔營養成分分析〕

每1份量350克，本食譜含1份

熱量(kcal)	210	脂肪(g)	7.5	反式脂肪(g)	0	糖(g)	0
蛋白質(g)	14	飽和脂肪(g)	0	碳水化合物(g)	7.5	鈉(mg)	400

〔營養師叮嚀〕

天氣開始逐漸炎熱，食慾減低又不想吃太油膩的食物，快來製作清爽低熱量的冰鎮味噌苦瓜豆腐吧！

〔主廚叮嚀〕

味噌可蓋過苦瓜的苦味，不喜歡苦瓜味的人，可以嘗試看看喔！

小暑 ❸ 芒果

國曆7月6日——8日・溫風至、蟋蟀居宇、鷹始鷙

芒果

芒果含有醣類、膳食纖維、維生素A、C、葉酸、及鈣、磷、鐵、鉀、鎂等微量元素，還含有豐富的β-胡蘿蔔素，是重要的維生素A來源，維生素A能預防夜盲症，及改善眼睛疲勞和眼睛乾澀，維護眼睛健康。

芒果水蜜桃豆奶

準備時間／10 分鐘
烹調時間／10 分鐘

愛文芒果150g
水蜜桃75g
豆漿120cc
豆花30g

1. 將愛文芒果、水蜜桃分別洗淨，去皮，切小丁，備用。
2. 將芒果果肉（約120公克）、豆漿放進果汁機攪打均勻，再放入其他食材。
3. 以慢速漸進快速的攪打法，直到豆花完全打碎，倒入容器中，放上芒果丁（約30公克），即可食用。

〔營養成分分析〕

每1份量200克，本食譜含1份

熱量 (kcal)	175	脂肪 (g)	3	反式脂肪 (g)	0	糖 (g)	0
蛋白質 (g)	7	飽和脂肪 (g)	0	碳水化合物 (g)	30	鈉 (mg)	0

〔營養師叮嚀〕

節氣小暑，夏日炎炎，來一杯芒果水蜜桃豆奶，不用擔心熱量太高。建議使用當季的水果製作，不加糖可減少熱量攝取。豆漿及豆花都是優質蛋白質的來源，也適合需要控制血糖的朋友。

〔主廚叮嚀〕

加入豆花可增加口感，選擇當季的愛文芒果甜度高，不須額外加糖。

俯人間、少清風、多炎熱

大暑

・國曆7月22日——24日

夏季的第六個節氣是「大暑」。大暑延續著小暑高溫高濕的午後雷陣雨型態，古人描述大暑時節的景象為：「**腐草為螢，土潤溽暑，大雨時行**」，水土穢氣雜合，濕熱蒸騰，大地猶如一個巨大的蒸籠。有句俗話說「小暑大暑無君子」，即是表達這種悶熱天氣讓人覺得濕濕熱熱黏黏地，只好不顧禮節的敞衣捲袖。

這種天氣最容易犯的疾病就是「苦夏症」，其症狀為胃口不佳、身體困倦、精神不振，伴有低熱等。此時最適合能降火氣、排濕氣的食材、例如綠豆、蘆筍、瓠瓜、西瓜、冬瓜等。

中醫師推薦養生食材

- **綠豆**：性甘涼，能解暑、止渴、利尿，古代名醫扁鵲有個名方「三豆飲」，用來治療癰瘡斑疹，綠豆就是其中主要成分。

- **蘆筍**：味苦甘，性寒涼，能清熱生津，且熱量低、蛋白質含量豐富，其所含的天門冬醯胺酸，具有消除疲勞、降壓、利尿的效果。

- **西瓜**：性涼利水，能清暑熱，是最天然利尿劑。傳統中藥方劑中也有將西瓜皮的白色部分入藥，能清熱消炎，生津止渴。西瓜屬涼性食物，吃多易腹脹，脾胃虛弱者不宜多吃。

大暑 1 綠豆

國曆7月22日——24日・俯人間、少清風、多炎熱

綠豆

綠豆富含植物性蛋白質、鈣、磷、鐵、維生素A、維生素B_1、維生素B_2、維生素E、菸酸、膳食纖維、胡蘿蔔素等營養素，每100g含熱量247kcal。

綠豆寒天豆花

準備時間／30分鐘
烹調時間／30分鐘

綠豆20g
洋菜粉6g
豆漿120cc
水100cc

糖10g

1. 將綠豆洗淨，放入內鍋，加入水1.5杯，外鍋加1杯水，煮至開關跳起，取出，放涼，備用。
2. 洋菜粉放入湯鍋中，加入水100cc，以小火煮至融化，再多煮2分鐘，熄火。
3. 取一半洋菜粉水，置入容器待凝固後，取出，切小丁，即為寒天凍。
4. 另一半洋菜粉水，加入糖、豆漿混合，倒入玻璃罐，放在常溫等待凝固，放入綠豆、寒天凍，即可食用。

〔營養成分分析〕

每1份量250克，本食譜含1份

熱量(kcal)	170	脂肪(g)	2	反式脂肪(g)	0	糖(g)	10
蛋白質(g)	6	飽和脂肪(g)	0	碳水化合物(g)	31	鈉(mg)	0

〔營養師叮嚀〕

這個節氣酷熱，綠豆有清熱、解毒、降火氣功效，搭配低熱量的寒天，做出一道簡單低卡高纖的點心。

〔主廚叮嚀〕

使用電鍋煮綠豆時，建議等電鍋開關跳起再續燜約10分鐘，就可以煮出粒粒分明的綠豆。

大暑 ❷ 蘆筍

國曆7月22日——24日・俯人間、少清風、多炎熱

蘆筍

蘆筍含鈣、鐵、磷、鉀為主。且含有β-胡蘿蔔素及維生素C，建議不要過度烹調以免維生素C流失或蘆筍變黃，烹調時可配含維生素E的食用油，一方面是增加蘿蔔素的吸收率，另一方面可增加抗氧化的作用。

豆腐糰蘆筍

準備時間／5 分鐘
烹調時間／20 分鐘

蘆筍20g
玉米筍20g
紅蘿蔔棒20g
紅蘿蔔丁10g
豆腐110g
糯米粉50g

鹽3g
胡椒粉2g

1. 將豆腐、糯米粉、紅蘿蔔丁與全部調味料揉成糰狀。
2. 取適量**作法1**包裹在蘆筍、玉米筍與紅蘿蔔棒，露出頭尾的部份，依序全部完成。
3. 放入烤箱以150℃預熱，烤約15～20分鐘，即可取出食用。

〔營養成分分析〕

每1份量200克，本食譜含4份

熱量(kcal)	148	脂肪(g)	1.5	反式脂肪(g)	0	糖(g)	0
蛋白質(g)	6	飽和脂肪(g)	0	碳水化合物(g)	27	鈉(mg)	375

〔營養師叮嚀〕

節氣大暑，氣候炎熱，糯米糰加入豆腐，可以增加豆香味及蛋白質的攝取，適合需控制血糖的人，使用烤箱烤熟比油炸減少脂肪攝取及油膩感，在節氣大暑時可做為一道美食低熱量佳餚。

〔主廚叮嚀〕

蘆筍根部有纖維較粗糙的地方，可用削皮刀稍微去除，口感較佳。

大暑 ③ 西瓜

國曆7月22日——24日・俯人間、少清風、多炎熱

西瓜

很多人會誤會西瓜口感甜，其熱量高，其實一碗飯碗大小的西瓜切丁熱量60大卡，吃起來甜蜜蜜是因為西瓜的醣一半來自甜度最高的果糖，西瓜有水分含量高，風味淡雅，適合夏天消暑解渴，建議每次分量兩碗以內。

芝麻西瓜皮

準備時間／5分鐘
烹調時間／5分鐘

西瓜皮400g
嫩薑5g
辣椒3g
白芝麻15g

精鹽10g
糖15g
白醋15cc
香油8cc

1 西瓜皮洗淨，去除表面的綠皮，切粗絲，加入精鹽拌勻，置放約30分鐘，使用開水洗去多餘鹽分，並抓除水分。
2 嫩薑切細絲；辣椒去籽，切細絲。
3 將脫水的西瓜皮絲，加入糖、白醋、香油、嫩薑、辣椒絲拌勻，撒上白芝麻即可食用。

〔營養成分分析〕

每1份量100克，本食譜含4份

熱量(kcal)	81	脂肪(g)	4.4	反式脂肪(g)	0	糖(g)	3.3
蛋白質(g)	1.8	飽和脂肪(g)	0.34	碳水化合物(g)	10.2	鈉(mg)	231.5

〔營養師叮嚀〕

人見人愛的甜甜多水的西瓜，其實茄紅素、維生素C不容小看。而西瓜放鬆血管的瓜胺酸、高抗氧化能力，可讓疲憊的你恢復能量，芝麻西瓜皮更是夏日胃口不佳的好夥伴。

〔主廚叮嚀〕

因西瓜皮加精鹽脫水多，記得切絲時不要太細，果肉不需完全去除乾淨，保留一點點更有西瓜香甜氣息。

24節氣養生食療

節氣食材

立秋	糯米	檸檬	茄子
處暑	金針花	水梨	荔枝
白露	秋葵	芋頭	磨菇
秋分	扁豆	南瓜	柚子
寒露	海帶	核桃	香蕉
霜降	玉米	荸薺	蘋果

秋季總論

唐漢維——中醫部主治醫師

秋天是一個轉變的季節，自然界從生意盎然，變為落葉紛飛的蕭瑟，常常讓人感到憂愁或感傷，因此應該遵循中醫養生寶典《黃帝內經》的記載：「早臥早起，與雞俱興，使志安寧，以緩秋刑」。這樣可以保持神志的安寧，以緩和秋天肅殺氣氛對人體影響。

中醫的養生觀念裡，秋天在五行中對應到的臟腑是「肺」，對應的主氣是「燥」，在《黃帝內經》中提到：「收斂神氣，使秋氣平，無外其志，使肺氣清，此秋氣之應，養收之道也」。秋季應該要收斂自己的神氣，維持心志的平靜，確保肺氣的清肅，如此才能與秋氣相應，這也就是秋季養生，收養氣的方式與道理。

所以，秋季的飲食應該要收斂肺氣，可吃酸味的蔬果，像是檸檬、柚子、蘋果。宜滋陰潤燥，可多吃養陰生津食物，像是水梨、香蕉、秋葵；或是多喝水、湯、粥，特別是豆類粥品。在中醫典籍記載中，豆類大多具有健脾利濕的作用，像是扁豆粥；或是用芝麻、糯米、蜂蜜之類的柔潤食物，以益胃生津、緩解秋燥。需要注意的是，由於秋天應該要「收斂肺氣」，所以不適合吃太多辛辣、容易發散的食材，如韭菜、辣椒、蔥、 薑及蒜等，以免阻礙肺氣的收斂。

立秋

・國曆8月7日——9日

立秋無雨最堪憂、萬物從來只半收

立秋，是秋季的第一個節氣。民間諺語提到：「**立秋十日遍地黃。**」表示立秋時期，是農作物逐漸成熟的時候，意味著秋天的開始，氣候也由熱開始轉涼，此時陽氣漸收、陰氣漸長，人體也會隨著節令呈現陽消陰長的過渡時期，因此秋季養生，不論是生活起居、飲食運動、精神情志皆以保養及收藏為主。

秋天宜收不宜散，酸味可以收斂肺氣，辛味則發散瀉肺，所以蔥、薑等辛味食材盡量少吃，可適當多攝取一些酸味蔬果。此外，秋季主燥，容易傷津液，飲食上應以滋陰潤肺為宜。《飲膳正要》曰：「**秋氣燥，宜食麻以潤其燥，禁寒飲。**」

中醫師推薦養生食材

- **糯米**：性味甘、平、無毒，入脾、胃經，具有溫暖脾胃、補中益氣、縮小便之功效，能治療胃寒痛、氣虛自汗、勞動後氣短乏力等症狀。糯米性偏黏滯，較難於消化，所以小孩或病人宜慎用，少量溫熱的食用是最易吸收的方式。

- **檸檬**：味酸、微甘，性微寒，入肺、胃經，具有清熱解暑、生津止渴、化痰止咳之功效。但檸檬不適合直接食用，用來配菜、榨汁稀釋較為宜。胃潰瘍、胃酸分泌過多以及患有牙病、糖尿病者需謹慎食用。

- **茄子**：味甘性涼，無毒，入脾、胃、大腸經，具有清熱止血，消腫止痛、祛風通絡、寬腸利氣的作用。脾胃虛寒或容易拉肚子的人則不宜多食。

立秋 ❶ 糯米

國曆8月7日——9日・立秋無雨最堪憂、萬物從來只半收

糯米

糯米營養成分與白米幾乎沒有差別，都是一碗飯碗280大卡。糯米跟白米差別是澱粉結構，糯米澱粉中95%以上是支鏈澱粉，黏性強，適合作甜品，水解強，是高升糖指數食物，需要控制血糖者對糯米製品可要小心翼翼。

肉桂蘋果糯米布丁

準備時間／240 分鐘
烹調時間／30 分鐘

材料

糯米80g
牛奶500cc
蘋果丁160g
糖40g
肉桂0.25g
水240cc

調味料

糖30g

作法

1 糖加白開水40cc，以中火煮，注意味道，當焦味產生時，丟入切蘋果丁，轉小火煮到透明糖汁，收乾，即成蘋果醬。
2 糯米洗淨，瀝乾，加入牛奶，移入冰箱冷藏4小時。
3 取出糯米牛奶，加入冷水200cc，以中火烹煮（一邊煮一邊攪拌）待煮騰，轉小火約煮20分鐘至糯米煮熟（牛奶呈稠狀）。
4 略為放涼10分鐘，讓糯米吸汁，即成糯米布丁。
5 取糯米布丁裝入容器中，加上蘋果醬，灑上肉桂粉，即可食用。

〔營養成分分析〕

每1份量200克，本食譜含5份

熱量 (kcal)	191	脂肪 (g)	3.7	反式脂肪 (g)	0	糖 (g)	8
蛋白質 (g)	4.3	飽和脂肪 (g)	2.1	碳水化合物 (g)	36	鈉 (mg)	39

〔營養師叮嚀〕

糯米的支鏈澱粉高，容易產生脹氣、高血糖。利用烹調手法煮成粥，破壞澱粉結構，可降低脹氣感。牛奶糯米粥添加肉桂有殺菌效果，天氣炎熱的立秋可降低食物腐敗。

〔主廚叮嚀〕

糯米浸泡後米心易熟，但新鮮牛奶容易煮焦，因此需以小火加入愛心攪拌。台灣的天氣立秋兩個月後才涼爽，糯米布丁冰過之後口感更美味。

立秋 ❷ 檸檬

國曆8月7日——9日・立秋無雨最堪憂、萬物從來只半收

檸檬

100克檸檬熱量約30大卡，pH高達2.4與胃酸相近，空腹攝取傷胃黏膜，飯後攝取可幫助消化，很適合攝取高鐵或高鈣食物後攝取。

檸檬黃瓜湯

準備時間／5分鐘
烹調時間／10分鐘

新鮮檸檬半顆
小黃瓜1條（約120g）
乾檸檬葉1g
薑泥1g
紅辣椒片6g
香菜適量

鹽2g
糖2g
香菇粉0.5g
橄欖油2g

1. 小黃瓜外皮用軟布搓洗乾淨；乾檸檬葉洗淨。
2. 小黃瓜切絲；新鮮檸檬取外皮磨皮，再取檸檬汁；香菜切段。
3. 水400cc倒入湯鍋，加入乾檸檬葉，以中大火煮沸。
4. 加入小黃瓜絲、薑泥煮約1分鐘。
5. 放入紅辣椒片、檸檬汁、檸檬皮、全部調味料，搭配香菜段，即可食用。

〔營養成分分析〕

每1份量550克，本食譜含1份

熱量(kcal)	50.44	脂肪(g)	2.37	反式脂肪(g)	0	糖(g)	1.72
蛋白質(g)	1.75	飽和脂肪(g)	0.04	碳水化合物(g)	7.31	鈉(mg)	846.5

〔營養師叮嚀〕

含有酸味的檸檬，雖然並不是高維生素C的代表，但是檸檬是促進食慾，烹調重要調味料之一。檸檬皮含有黃酮類化合物，是一個高抗氧化物。夏日運動大量流汗，此湯品可幫助身體復甦，補充電解質，酸酸的風味減緩口渴。

〔主廚叮嚀〕

小黃瓜是不耐久煮的蔬菜、而檸檬預熱會破壞維生素C，當水滾沸後，食材丟入燜熟，可享受到風味良好的湯品。乾檸檬葉可以到南洋商店採買。

立秋 ❸ 茄子

國曆8月7日——9日・立秋無雨最堪憂、萬物從來只半收

茄子

茄子富含生物類黃酮及花青素等多種營養素，有助於血管彈性的維持，預防心血管疾病的發生。在採買上以顏色深紫有光澤、飽滿有彈性為佳。另茄子於切開後，易因接觸空氣氧化變黑，可放入鹽水中沖洗，延緩氧化作用產生。

茄子寶盒

準備時間／15 分鐘
烹調時間／20 分鐘

茄子100g
板豆腐160g
亞麻仁粉1茶匙
麵粉15g
熟白芝麻2g

大豆油1大匙
鹽少許
香菇粉少許

1 茄子洗淨，切成圓餅的段狀，備用。
2 板豆腐放入紗布中，將水分擠乾，放入容器中，加入亞麻仁粉拌勻。
3 再加入鹽、香菇粉調味，用手塑形呈圓餅狀，依序全部完成，入鍋煎熟，即成豆腐餅。
4 將茄子圓段裹上薄薄的麵衣，於兩個裹好麵衣的茄子圓段中間夾入煎熟的豆腐餅。
5 再放入熱鍋中煎熟，起鍋，灑上熟白芝麻，即可食用。

〔營養成分分析〕

每1份量50克，本食譜含3份

熱量(kcal)	90	脂肪(g)	6.6	反式脂肪(g)	0	糖(g)	0.5
蛋白質(g)	3.1	飽和脂肪(g)	1.2	碳水化合物(g)	4.9	鈉(mg)	65.4

〔營養師叮嚀〕

秋分後黑夜漸長、天氣轉涼，亦是過敏好發季節。飲食上可多吃滋陰潤燥的食物，如芝麻、豆製品等。這道料理將上述食材與茄子結合，讓營養更加豐富。

〔主廚叮嚀〕

茄子料理易吸油，油溫的控制是影響成品口感的關鍵。

處暑

處暑一聲雷、秋里大雨來、粒粒皆是米

・國曆8月22日——24日

處暑，是秋季的第二個節氣。處暑分為三候：初候「鷹乃祭鳥」，老鷹開始大量捕殺鳥禽；二候「天地始肅」，萬物凋零，天地間充滿開始肅殺之氣；三候「禾乃登」，穀物也在這個時候成熟，準備收成。

處暑，指夏天暑氣的終結。但在熱帶亞熱帶地區，天氣炎熱依舊，通常要到國曆十月、十一月才會慢慢緩和些，不過秋天主「燥」，處暑的氣候已經不如小暑、大暑那般濕熱，反而是高溫且乾燥，炎熱的感覺更加強烈，台灣俗諺常說「**處暑處暑，曝死老鼠**」、「**秋老虎，毒過虎**」，可見入秋時的暑熱，猛烈地有如老虎一般，這就是「秋老虎」的由來。處暑也是颱風最頻繁侵擾台灣的時節，颱風來襲之前天空總會出現紅紅的雲，外出遠行要特別小心安全。

中醫師推薦養生食材

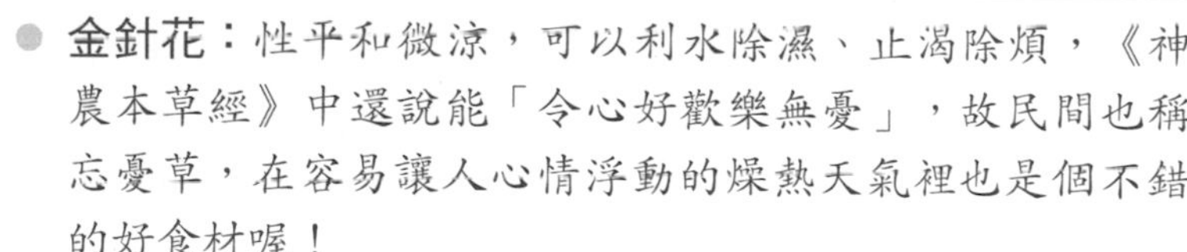

- **金針花**：性平和微涼，可以利水除濕、止渴除煩，《神農本草經》中還說能「令心好歡樂無憂」，故民間也稱忘憂草，在容易讓人心情浮動的燥熱天氣裡也是個不錯的好食材喔！

- **水梨**：《本草備要》中記載「梨，甘微酸寒，潤肺涼心，消痰降火」。處暑炎熱而且乾燥，適量吃點水梨可以退火又潤燥，量不宜過多，以免脾胃太寒冷而拉肚子。

- **荔枝**：《隨息居飲食譜》中說荔枝具有「通神益智，填精充液，滋心營，養肝血」等功效，不過氣味純陽，李時珍說「鮮者食多，即齦腫口痛，或衄血也」，表示荔枝容易上火，切忌過量。

處暑 ❶ 金針花

國曆8月22日——24日・處暑一聲雷、秋里大雨來、粒粒皆是米

金針花

金針花富含β-胡蘿蔔素，礦物質鋅及蛋白質，身體虛弱者建議食用乾燥金針花，乾燥金針花不含秋水仙鹼毒素，烹調金針花內另含有皂素鹼，皂素鹼有安眠功效，須完全煮熟才不會吸收不良、腹瀉。

金針花燴豆腐

準備時間／10分鐘
烹調時間／10分鐘

新鮮金針花10g
盒裝嫩豆腐1盒
芥花油5g
太白粉5g
薑片2g
辣椒末6g
香菜末20g

醬油20g
味醂20g
香醋5g
鹽0.5g

1 金針花洗淨；嫩豆腐用冷開水沖淨，切條狀；太白粉加少許水拌勻，備用。

2 取一炒鍋加入芥花油熱鍋，放入薑片以小火煸至有香氣。

3 放入嫩豆腐、全部調味料以小火煮至嫩豆腐上色。

4 加入金針花、辣椒末拌炒，倒入太白粉水勾芡，放入香菜末拌勻，即可食用。

〔營養成分分析〕

每1份量100克，本食譜含5份

熱量(kcal)	69.21	脂肪(g)	2.99	反式脂肪(g)	0	糖(g)	2.76
蛋白質(g)	4.10	飽和脂肪(g)	0	碳水化合物(g)	7.54	鈉(mg)	286

〔營養師叮嚀〕

金針花較寒，烹調加入薑比較適當。新鮮的金針花有秋水仙鹼，食用過量會腹瀉、腹痛，建議一天攝取新鮮金針花100克，烹煮前最好浸泡一小時，可消除部份生物鹼。

〔主廚叮嚀〕

味醂和醬油調味比例1：1，是甜甜的羹湯，最好依個人口味調整味醂跟醬油。辣椒是配色，不嗜辣者可不添加。

處暑 ❷ 水梨

國曆8月22日——24日・處暑一聲雷、秋里大雨來、粒粒皆是米

水梨

水梨含有醣類、膳食纖維、鉀、維生素C、維生素B群、果膠等營養素。所含的維生素C具有抗氧化之效果，及促進傷口癒合。另外，還含有水溶性纖維果膠，可降低膽固醇。

梨花似雪

準備時間／5分鐘
烹調時間／5分鐘

水梨200g
優格100g

桂花蜜40g

1 使用挖球器，將水梨製作成一顆顆的圓球狀，放入容器中。
2 加入優格、桂花蜜，即可食用。

〔營養成分分析〕

每1份量85克，本食譜含4份

熱量(kcal)	79	脂肪(g)	1	反式脂肪(g)	0	糖(g)	8
蛋白質(g)	1.1	飽和脂肪(g)	0	碳水化合物(g)	16.3	鈉(mg)	29

〔營養師叮嚀〕

水梨可生吃也可熟食，燉熟的梨子，部分維生素及礦物質可溶於水，減少攝取量，但煮熟後的纖維質更軟化，可促進體內消化時間，增加腸道利用。

〔主廚叮嚀〕

製作完成後，可拿去冰箱冷藏後再吃，風味更好。

處暑

國曆8月22日——24日・處暑一聲雷、秋里大雨來、粒粒皆是米

③ 荔枝

荔枝

荔枝是亞熱帶水果，含有維生素B群、C、磷、鉀、鎂等營養素。在台灣鮮果生長期短，且吃多易上火。可藉由加工製成果汁或果乾來製作各類點心。

荔枝鬆餅糕

準備時間／5 分鐘
烹調時間／90 分鐘

鬆餅粉100g
鮮奶40cc
100%荔枝汁10cc
大豆油1茶匙

砂糖10g

1 先將砂糖置入鬆餅粉中，再將荔枝汁及鮮奶邊倒入，攪拌成麵糊。

2 倒入大豆油攪拌均勻，再倒入模型（內層需事先塗抹油）備用，靜置20～30分鐘。

3 電鍋外鍋加入水1杯半、不加鍋蓋狀態，按下開關等待水沸騰後，再置入**作法2**，加蓋，煮至開關跳起（可用細竹籤插入蒸糕中，確認無沾上粉漿，即代表已蒸熟），即可取出，待蒸糕放涼，即可脫模食用。

〔營養成分分析〕

每1份量50克，本食譜含3份

熱量(kcal)	180	脂肪(g)	5.9	反式脂肪(g)	0	糖(g)	8.8
蛋白質(g)	3.2	飽和脂肪(g)	2.6	碳水化合物(g)	27.9	鈉(mg)	135.6

〔營養師叮嚀〕

糕餅製程中，以鮮奶及果汁取代水，更提升成品的風味及營養素，是一種高熱量的點心選擇。

〔主廚叮嚀〕

1 荔枝香氣濃郁，製作蒸糕時可依個人喜好調整份量，不足液體則以牛奶或水代之。

2 蒸糕要確認熟度，可用細竹籤插入，確認沒有粉漿沾上，即代表成品已煮熟，若是細竹籤仍有粉漿沾黏，則可在電鍋外鍋加入水1杯續蒸煮至熟。

白露

・國曆9月7日——9日

涼風至、白露降、寒蟬鳴

白露，是秋季的第三個節氣。白露分為三候：初候「鴻雁來」，雁鳥自北方飛到南方；二候「玄鳥歸」，燕子從南方飛回北方；三候「群鳥養羞」鳥類開始儲藏糧食準備過冬。

進入白露後，夜間氣溫降低，日夜溫差變大，清晨時容易在葉片上看見露珠。在台灣，秋天的第一道鋒面常會在白露報到，隨著東北季風慢慢增強，全台降雨地區會漸漸由中南部轉向北部、東北部，天氣開始微有涼意，尤其是日夜溫差大，所以俗諺常說「**白露勿露身**」，叮嚀大家早晚出門要多添件衣服，以防著涼感冒。

白露天氣轉涼，自然界的生物會開始儲存養分，做為明年春天時生長的能量，所以中醫認為白露後是服用轉骨方的好時機，可以為孩子的成長儲備養分。

中醫師推薦養生食材

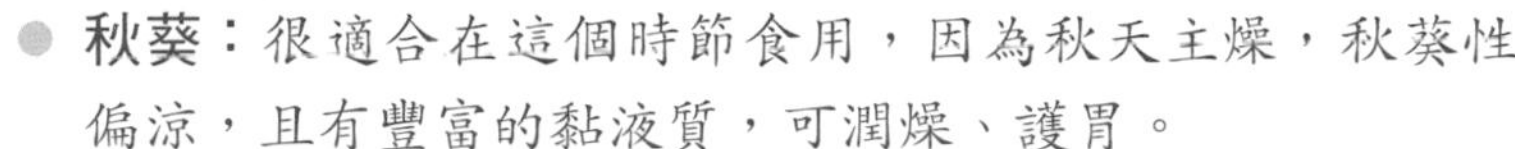

- **秋葵**：很適合在這個時節食用，因為秋天主燥，秋葵性偏涼，且有豐富的黏液質，可潤燥、護胃。

- **芋頭**：其澱粉及纖維量豐富，促進腸胃蠕動效果顯著，不過需要注意生芋頭是有小毒的，現代研究發現生芋頭乳狀液中有些成分易引起局部皮膚過敏，可用薑汁擦拭來緩解。

- **蘑菇**：性甘涼，開胃化痰，味道十分鮮美，是初秋時節的好食材，菇類在中醫是屬於「發物」，吃太多會引起上火、發瘡、過敏或令舊疾復發等不適的症狀。

白露 ❶ 秋葵

國曆9月7日——9日・涼風至、白露降、寒蟬鳴

秋葵

秋葵黏液為一種黏蛋白，可保護消化道黏膜。富含膳食纖維可促進腸道蠕動。此外亦含鈣、鐵、醣等多種營養素及鋅、硒等微量元素，是營養價值很高的蔬菜類。

什錦豆腐燴秋葵

準備時間／15分鐘
烹調時間／20分鐘

秋葵200g　乾香菇2朵
板豆腐55g　大豆油1茶匙
素火腿15g　太白粉少許

樹籽醬1茶匙
鹽少許

1 秋葵洗淨、去蒂；乾香菇用清水沖淨，泡水至軟，備用。
2 板豆腐、素火腿、香菇分別切丁，備用。
3 將秋葵放入滾水中燙至熟，切短段，擺盤。
4 取炒鍋加入油熱鍋，放入香菇丁爆香，加入素火腿丁、板豆腐丁拌炒。
5 放入樹籽醬、鹽拌勻，倒入太白粉水勾薄芡，淋入秋葵上面，即可食用。

〔營養成分分析〕

每1份量100克，本食譜含3.3份

熱量(kcal)	65	脂肪(g)	2.3	反式脂肪(g)	0	糖(g)	0.8
蛋白質(g)	3.7	飽和脂肪(g)	0.4	碳水化合物(g)	7.9	鈉(mg)	132

〔營養師叮嚀〕

涼爽的秋季是養肺及強化免疫能力好時機，因此需留意季節的天氣變化及飲食的調整。秋葵是高營養價值的蔬菜，除燴炒外，汆燙、涼拌冷食也是不錯的選擇。

〔主廚叮嚀〕

秋葵在烹調前需在沸水中以中小火滾煮約3～5分鐘，以幫助去除澀味。

白露 ❷ 芋頭

國曆9月7日——9日・涼風至、白露降、寒蟬鳴

芋頭

芋頭品種很多，常見的檳榔心芋切口偏色的口感會比較鬆；天然的芋頭呈淡雅的紫色及淡淡的香氣，市面上有些產品呈現漂亮紫色及濃烈味道的大多是用香精調配出來的，選購時要特別注意喔！

芋香貝殼麵

準備時間／15 分鐘
烹調時間／20 分鐘

芋頭丁200g
中筋麵粉200g
紅蘿蔔片20g
百頁豆腐40g
黑木耳20g
大白菜200g
薑末20g
芹菜末20g
植物油8g

胡椒粉少許
鹽4g
醬油20g
水適量
香油少許

1 芋頭丁放入電鍋中蒸熟，取出加入中筋麵粉揉勻至光滑，即成芋頭麵糰，靜置10分鐘。

2 將芋頭麵糰搓成長條狀，用手揪成小塊，揉勻後壓扁，再用拇指由內往外推壓成貝殼形，即成貝殼麵。

3 將貝殼麵放入熱水煮熟，撈出，浸泡冷水，備用。

4 大白菜洗淨；百頁豆腐切塊狀；黑木耳去除硬梗，切小塊。

5 取炒鍋加入植物油熱鍋，放入薑末煸炒，加入紅蘿蔔片、百頁豆腐、黑木耳炒熟，續入大白菜拌炒。

6 加上貝殼麵、胡椒粉、鹽、醬油、水拌炒，盛盤，撒入芹菜末、香油拌勻，即可食用。

〔營養成分分析〕

每1份量200克，本食譜含4份

熱量(kcal)	309	脂肪(g)	6.7	反式脂肪(g)	0	糖(g)	0
蛋白質(g)	12.5	飽和脂肪(g)	0.6	碳水化合物(g)	53.1	鈉(mg)	666

〔營養師叮嚀〕

芋頭原產於中國及印度，含有膳食纖維及醣類、維生素B_1、B_2、C及鈣、磷、鉀、鎂、鐵等。芋頭比較容易產氣，消化功能較差的避免食用過多。另外，芋頭屬於全穀根莖類，要控制血糖的人要注意份量喔！

〔主廚叮嚀〕

1 揉芋頭麵時，必須依每次芋頭的含水量酌量添加水分，揉製耳垂的硬度即可使用。

2 芋頭麵糰黏性較大，做貝殼麵時可以灑些麵粉以防沾黏。

3 貝殼麵煮熟後泡冷水做為涼麵口感會更加有咬勁。

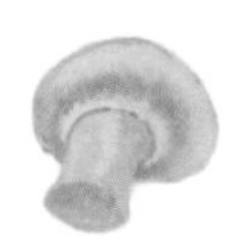

白露 ③ 蘑菇

國曆9月7日——9日・涼風至、白露降、寒蟬鳴

蘑菇

每100克熱量25大卡，蛋白質3克，維生素B群是蔬菜中的佼佼者，而菇類富含多醣體及三類菇，當你疲倦勞累時真的非常適合攝取。雖然是菇類，普林含量落在中普林，痛風患者在非急性發作期可放心攝取。

蘑菇豌豆炊飯

準備時間／20 分鐘
烹調時間／45 分鐘

白米120g
糯米20g
蘑菇75g
生豌豆仁60g

鹽2g
水140cc

1 白米、糯米分別洗淨，瀝乾水份，加入水140cc，浸泡30分鐘。
2 蘑菇用濕紙巾擦淨，切成丁狀。
3 將**作法1**、生豌豆仁、蘑菇丁、鹽放入電鍋內鍋中，外鍋水1杯，煮至開關跳起。
4 打開鍋蓋，用飯匙拌開（去除多餘水氣，增加Q度），續燜15分鐘，即可食用。

〔營養成分分析〕

每1份量100克，本食譜含4.3份

熱量(kcal)	140	脂肪(g)	0.33	反式脂肪(g)	0	糖(g)	0
蛋白質(g)	4.6	飽和脂肪(g)	0.04	碳水化合物(g)	30.3	鈉(mg)	148

〔營養師叮嚀〕

蘑菇富含維生素B群、鐵質。夏日精神不濟、大病初癒後很適合多吃點蘑菇，增強體力。營養過剩者膳食纖維又可降低膽固醇、好吃、低熱量。

〔主廚叮嚀〕

想簡單吃飯菜時，蘑菇切塊，加入相當分量的豌豆，鹹鹹的米飯，搭配豆腐味噌湯、蔬菜，就是均衡美味的一頓。

秋分

・國曆9月22日——24日

初侯雷始收聲、次侯蟄蟲坯戶、末侯水始涸

秋分，是秋季的第四個節氣。秋分分為三候：初候「雷始收聲」，古人認為雷是因為陽氣盛而產生，秋分後換陰氣開始旺盛，所以雷就開始少了；二候「蟄蟲培戶」，天氣變冷，小蟲躲進洞裡，用細土將洞口封住以防寒氣侵入；三候「水始涸」，降雨減少，加上天氣乾燥、水氣蒸發快，一些水塘、水池便開始乾涸。

秋分的「分」代表「半」的意思，太陽在這一天到達黃經 180 度，直接照射地球赤道，此日 24 小時晝夜均分。《春秋繁露：陰陽出入上下篇》曰：「**秋分者，陰陽相半也，故晝夜均而寒暑平。**」，到了秋分的節氣，天氣已經進入至秋季，在這個晝夜時間相等的節氣，人們在養生中也應該依循陰陽平衡的規律，使機體保持「陰平陽秘」的原則。

中醫師推薦養生食材

- **扁豆**：性味甘，微溫，歸脾、胃經，具有健脾、化濕、消暑之作用。《食療本草》中提到：「患冷氣人勿食。」「冷氣」是指體內氣虛生寒，臟腑被寒氣所困導致的疾病，表現為腹脹、腹痛，手腳冰涼，面色發青，或是怕冷身體打顫，咳嗽聲音嘶啞，關節痠痛等症狀。

- **南瓜**：古人認為吃了南瓜能夠儲備能量好過冬。性溫味甘，入脾、胃經，具有補中益氣、消炎止痛、化痰排膿及可增強機體免疫力等功用。

- **柚子**：性味酸、寒，具有潤肺清腸、生津止渴、補血健脾開胃等功能。柚子含豐富維生素 C 及膳食纖維。體質偏寒、容易腹瀉的人不宜多食，若是有胃酸過多、患有胃食道逆流的人則要少吃。

秋分 ❶ 扁豆

國曆9月22日——24日・初侯雷始收聲、次侯蟄蟲坯戶、末侯水始涸

扁豆

蔬菜扁豆每100克，熱量24大卡，蛋白質2.4克相較其他蔬菜蛋白質含量較高，豆莢類是良好膳食纖維及鉀離子的來源。痛風患者請放心享用扁豆，蔬菜扁豆是低普林食物。

扁豆起司脆餅

準備時間／5分鐘
烹調時間／10分鐘

水餃皮8片
扁豆100g
起司片4片

黑胡椒0.5g

1. 請先將烤箱以200℃預熱10分鐘。
2. 扁豆洗淨，撕除粗絲，切長段；起司片切成條狀。
3. 水餃皮取2片堆疊，放入平底鍋乾煎至微金黃色。
4. 烤盤鋪上烘焙紙，分別放入水餃皮，撒上黑胡椒，放入扁豆、起司片。
5. 移入烤箱以200度烤10分鐘，取出，即可食用。

〔營養成分分析〕

每1份量30克，本食譜含4份

熱量(kcal)	53.2	脂肪(g)	1.51	反式脂肪(g)	0	糖(g)	0
蛋白質(g)	2.37	飽和脂肪(g)	0	碳水化合物(g)	7.74	鈉(mg)	187

〔營養師叮嚀〕

豆莢科蔬菜中含有皂素，不適合生食，毒素煮熟後會被破壞，可放心享用。豆莢科蔬菜來自印度，齋戒月煮成咖哩，混合其他豆類食用可增加蛋白質攝取，還富含水溶性纖維增加腸道蠕動，增加好菌生長。

〔主廚叮嚀〕

扁豆俗稱醜豆，號稱菜豆類中最美味的品種，去掉粗纖維可增加口感。這道料理很適合包水餃後剩皮再利用。

秋分 ② 南瓜

國曆9月22日——24日・初侯雷始收聲、次侯蟄蟲坯戶、末侯水始涸

南瓜

南瓜的β-胡蘿蔔素含量是瓜類之冠。除β-胡蘿蔔素，還有維生素C和E等皆具抗氧化作用，有助於預防癌症效果。秋分時節，氣候交替，攝取足夠維生素有助於增強抵抗力。

百頁南瓜燒

準備時間／15 分鐘
烹調時間／20 分鐘

南瓜200g
乾香菇10g
百頁豆腐160g
薑末1g

醬油膏40g
黑胡椒醬15g
太白粉2g
水50cc

1 南瓜洗淨，去皮及籽，切片，蒸熟，備用。
2 乾香菇沖淨，浸泡水至軟，切片；百頁豆腐切片。
3 將全部的調味料、薑末放入容器中混勻，備用。
4 將百頁豆腐片、香菇片、作法3放入鍋中，以中火加蓋燜煮至收汁。
5 加入蒸好的南瓜均勻拌勻，即可食用。

〔營養成分分析〕

每1份量116克，本食譜含4份

熱量(kcal)	148.2	脂肪(g)	8.6	反式脂肪(g)	0	糖(g)	0.05
蛋白質(g)	8.8	飽和脂肪(g)	1.3	碳水化合物(g)	11.7	鈉(mg)	663

〔營養師叮嚀〕

南瓜的可溶性膳食纖維含量也很豐富，有助於降低膽固醇及延緩糖類吸收。100g南瓜可提供70大卡熱量及2克蛋白質，內含豐富果膠，與含澱粉的食物混吃，會使碳水化合物吸收減緩，果膠在腸道也會形成凝膠狀，讓消化酶和營養物質的分子無法均勻混合，延緩腸胃排空，增加飽足感。

〔主廚叮嚀〕

醬油膏及胡椒醬的用量可依自己的喜好調整鹹度。

秋分 ❸ 柚子

國曆9月22日——24日・初侯雷始收聲、次侯蟄蟲坯戶、末侯水始涸

柚子

100g柚子約提供60大卡熱量，隨著年齡增長，身體各方面機能下降，適量攝取柚子能幫助身體更容易吸收鈣、鐵，所含的葉酸還可預防貧血及嬰幼童發育所需營養素。

冰皮柚香月餅

準備時間／ 10 分鐘
烹調時間／ 25 分鐘

無糖豆漿75g
沙拉油8g
糯米粉20g
在來米粉16g
澄粉8g
麻荈粉（上色）1g
新鮮柚子果肉40g
白豆沙80g

糖粉50g

1 無糖豆漿、沙拉油、糖粉放入容器中拌勻，倒入糯米粉、在來米粉、澄粉，用手抓勻至無顆粒。

2 放入電鍋中，外鍋1杯水煮至開關跳起，續燜10分鐘，取出。

3 加入麻荈粉，用手揉至表面光滑，靜置後冷卻，即完成外皮。

4 將柚子果肉包入白豆沙，即成內餡，

5 取適量內餡及外皮，包成月餅狀，放入模型按壓造型，依序全部完成，即可食用。

〔營養成分分析〕

每1份量40克，本食譜含4份

熱量(kcal)	157	脂肪(g)	4.9	反式脂肪(g)	0	糖(g)	4.6
蛋白質(g)	2.2	飽和脂肪(g)	0.2	碳水化合物(g)	25.2	鈉(mg)	52.7

〔營養師叮嚀〕

中秋佳節，月圓人團圓，齊聚烤肉，往往攝取過多油脂，柚子含有豐富的維生素、纖維質及柚皮甙，可降低血液黏稠度，預防血栓及心血管疾病。但柚子的纖維不易消化，吃太多易造成腹部脹氣，腸胃功能不佳者應酌量攝取。

〔主廚叮嚀〕

成品一般冷藏可保存3天。

寒露

九月節、露氣寒冷、將凝結也

・國曆10月7日——9日

寒露，是秋季的第五個節氣。寒露分為三候：一候「鴻雁來賓」，鴻雁南遷，仲秋先到的稱為主，季秋後到的稱為賓；二候「雀入大水為蛤」，古人觀察到此時天上的雀鳥不見了，而海裡的蛤蜊卻多了，因此認為是雀鳥飛入海中變成了蛤蜊；三候「菊有黃華」，此時正是菊花開放的時節。

在台灣此時白天通常溫度仍偏高，因此日夜溫差大的情況下，早晚宜注意添加衣服，以防受涼。而在台灣諺語有「**九月颱，無人知**」之說，但若有颱風來襲，往往令人較無防範，而颱風帶來的強風暴雨，在中醫觀念中，屬於外感六淫中的「風邪」、「濕邪」，風性善行而數變、濕性黏滯易纏綿，所以此時如果不慎受到風邪或寒邪，病程較易變化拖延，不可輕忽。

中醫師推薦養生食材

- **海帶**：在《本草綱目》中記載海帶氣味「鹹、寒、無毒」，可治療「水病癭瘤」，指的就是對頸部腫塊有治療的功能；從現代研究的角度來看，海帶中含有豐富的碘，比較適合甲狀腺低下的患者，若是甲狀腺亢進的患者就不適合囉！

- **核桃**：氣味「甘、平、溫、無毒」，可以滋養濡潤肌膚、使毛髮烏黑亮澤；但是提醒核桃偏溫熱，體質容易生痰化熱，不適合吃太多。

- **香蕉**：在中醫屬性分類上，認為香蕉較寒涼，因此在秋天開始轉涼後應少吃，建議飯後食用，減少寒涼對脾胃的刺激。另外，肌肉痠痛或有跌打損傷的患者，也不適合吃太多。

寒露 ① 海帶

國曆10月7日——9日・九月節、露氣寒冷、將凝結也

海帶

海帶具有豐富的鐵、鈣、碘及膳食纖維等營養素。礦物質碘，可以促進血液中的脂肪代謝。在進入寒氣時節，身體容易感到飢餓，攝取富含膳食纖維的海帶，可止飢、熱量又低。但甲狀腺亢進患者建議避免食用富含碘類食物。

海絲義大利麵

準備時間／8分鐘
烹調時間／20分鐘

義大利麵條220g
海帶絲160g
高麗菜140g
杏鮑菇60g
紅蘿蔔絲40g
無糖豆漿400g

高湯400g
鹽2g
植物奶油20g
太白粉水
（太白粉3g+水17cc）

1 高麗菜洗淨，切絲；義大利麵放入滾水中煮熟，撈起，備用。
2 海帶絲放入滾水中汆燙，撈起；鮑魚菇洗淨，切絲，備用。
3 將無糖豆漿、高湯、植物奶油、鹽放入鍋中，以小火熬煮約5分鐘。
4 加入義大利麵條、海帶絲、高麗菜絲、紅蘿蔔絲、鮑魚菇絲煮熟，倒入太白粉水煮至稍微收汁，即可食用。

〔營養成分分析〕

每1份量360克，本食譜含4份

熱量(kcal)	316	脂肪(g)	6.76	反式脂肪(g)	0	糖(g)	0
蛋白質(g)	11.6	飽和脂肪(g)	0.1	碳水化合物(g)	56.9	鈉(mg)	4227

〔營養師叮嚀〕

海帶含碘，可促進血液中脂肪代謝，但懷孕期或是哺乳期不宜過量食用，因碘會經由血液循環，從胎盤或乳汁傳給胎兒或嬰幼兒，過多可能導致甲狀腺功能異常，其豐富的膳食纖維則可降低血中膽固醇。

〔主廚叮嚀〕

製作白醬使用鹽分的用量，可以依個人口味及高湯鹹度做調整，若是高湯本身鹹度夠，建議減少鹽量。

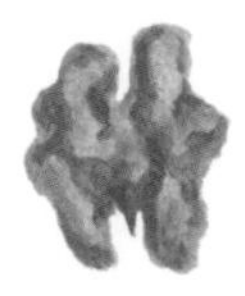

寒露 ② 核桃

國曆10月7日——9日・九月節、露氣寒冷、將凝結也

核桃

堅果類富含亞麻油酸及次亞麻油酸等多元不飽和脂肪酸，為必需脂肪酸，最好是低溫烘烤，並趁新鮮原型態攝取，以避免產品氧化變質。堅果類建議每天攝取一份，每份熱量約為1茶匙（5克）油脂的熱量，取代每日油脂攝取量。

核桃玉米花營養棒

準備時間／20分鐘
烹調時間／20分鐘

核桃仁8顆（約30g）
紅糯米飯200g
爆米花60g
葡萄乾40g
海苔片1大片

肉桂粉
（或黑糖粉）少許

1 將全部的材料放入食物調理機攪拌均勻；海苔片剪小片狀。
2 取方型深盤，放入**作法1**鋪平，移入冰箱冷卻。
3 取出，切塊狀，灑上肉桂粉（或黑糖粉），以海苔片包起，依序全部完成，即可食用。

〔營養成分分析〕

每1份量95克，本食譜含4份

熱量(kcal)	233	脂肪(g)	5	反式脂肪(g)	0	糖(g)	5
蛋白質(g)	4	飽和脂肪(g)	0	碳水化合物(g)	43	鈉(mg)	88

〔營養師叮嚀〕

秋涼之季宜運動養生，將堅硬的堅果種子與米飯調和製成核桃玉米花營養棒可當早餐，也適合運動中攜帶補充，蒸軟亦是方便老人攝取的點心，核桃含有豐富不飽和脂肪酸，適量攝取有助柔潤肌膚與血脂保健。

〔主廚叮嚀〕

做好的米棒分切並以海苔包裝成條棒狀方便攜帶及進食，冷藏冰存於三天內食用口感較佳。

寒露 ③ 香蕉

國曆10月7日——9日・九月節、露氣寒冷、將凝結也

香蕉

香蕉是具備多重功效的水果，富含醣類、膳食纖維、鉀和鎂離子等營養成分，從中可以很容易地攝取各種營養素。香蕉品種與研究眾多，適合定期定量採購攝取之家庭常備保健聖品，糖尿病或腎臟疾病患者應適量攝取。

香蕉鍋餅

準備時間／15分鐘
烹調時間／20分鐘

香蕉4根
燕麥片80g
越南春捲皮8片
熱水300cc
植物油20g

巧克力粉少許

1 香蕉洗淨，去皮，備用。
2 燕麥片放入容器中，倒入熱水泡軟呈泥狀，備用。
3 取兩片越南春捲皮攤平，放入適量的燕麥泥及香蕉捲成圓形狀。
4 取一平底鍋加入植物油熱鍋，放入**作法3**以小火煎至表皮金黃，切塊，擺盤，灑上巧克力粉，即可食用。

〔營養成分分析〕

每1份量180克，本食譜含4份

熱量(kcal)	210	脂肪(g)	7	反式脂肪(g)	0	糖(g)	3
蛋白質(g)	1	飽和脂肪(g)	2	碳水化合物(g)	33	鈉(mg)	65

〔營養師叮嚀〕

香蕉的膳食纖維含量豐富，有利於排除宿便，糖尿病者應適量攝取，搭配燕麥有利穩定血糖，是一道適合溫熱食用的高纖早餐與甜點。

〔主廚叮嚀〕

1 乾燥的越南春捲皮快速均勻沾少量水軟化即可使用，避免浸泡過久太軟。
2 香蕉1根帶皮重量約95g，果肉可食用的部分約重量70g。香蕉皮的褐色斑點愈多口感愈甜，建議選用剛微熟的香蕉口感較好。

霜降水泉涸、風緊草木枯

霜降

・國曆10月23日或24日

霜降，是秋季的最後一個節氣，《月令七十二候集解》：「**霜降，九月中。氣肅而凝露結為霜矣**」。霜降分為三候：一候「豺乃祭獸」，豺狼此時會獵食大量的動物；二候「草木黃落」，植物的葉子紛紛枯黃飄落；三候「蟄蟲咸俯」，昆蟲都潛伏在洞穴過冬。

霜降為秋季最後一個節氣，在北方此時露水會凝結成霜，大自然萬物即將進入蕭澀的冬季。中醫講究天人合一，人與自然相應，此時當注重保養儲藏精氣，如《黃帝內經》所云：「**聖人春夏養陽，秋冬養陰**」。霜降之後氣溫降低愈來愈明顯，應注重保暖，預防受寒。《傷寒論》有云：「**九月霜降節後宜漸寒**」、「**從霜降以後，至春分以前，凡有觸冒霜露，體中寒即病者，謂之傷寒也。**」即提醒霜降之後易感受寒邪而生病。

中醫師推薦養生食材

- **玉米**：在《本草綱目》中又做「玉蜀黍」、「玉高粱」，氣味是「甘、平、無毒」，有「調中開胃」的功能，也就是有促進食慾、幫助腸胃道消化的作用。

- **荸薺**：氣味為「甘、微寒、滑、無毒」。適量食用可幫助消化、祛除體內熱氣。但性質偏寒涼，霜降氣候已漸轉為寒冷，建議不可食用太多，以免造成腹部的不適。

- **蘋果**：在《滇南本草》記載「久服輕身延年，黑髮」，具有養生長壽、烏黑毛髮的功用，並且能「通五臟六腑，走十二經絡」，但是也提醒到「小兒不可多食，多食發疳積」，所以，任何食物都應該適時適量的取用，這也是中醫一再強調的中庸之道。

霜降 ❶ 玉米

國曆10月23日或24日．霜降水泉涸、風緊草木枯

玉米

玉米入菜時，要酌量減少當餐其他的主食米飯麵或根莖澱粉類食物。建議清洗玉米時，在流動清水下以軟毛刷從頭到尾地輕輕刷洗，或再泡水溢流沖洗。玉米的品種很多，依自身健康狀況與消化能力，選擇適合的玉米。

韓式玉米麵疙瘩

準備時間／25 分鐘
烹調時間／30 分鐘

玉米260g（兩小條）
中筋麵粉80g
白蘿蔔120g
昆布8g
金針菇200g
水200cc
韓式泡菜80g
青江菜4小根

鹽及香油少許

1 將適量水與白蘿蔔、昆布及金針菇，煮成高湯（湯量依個人喜好調整）備用。

2 將新鮮玉米粒切下與麵粉放入調理機打勻，加適量的水拌勻形成麵糊。

3 麵糊以茶匙舀入滾水燙熟，即成麵疙瘩，備用。

4 將高湯倒入湯鍋，放入韓式泡菜、青江菜、麵疙瘩煮滾，加入調味料，即可食用。

〔營養成分分析〕

每1份量350克，本食譜含4份

熱量(kcal)	193	脂肪(g)	3	反式脂肪(g)	0	糖(g)	0
蛋白質(g)	5	飽和脂肪(g)	0	碳水化合物(g)	32	鈉(mg)	210

〔營養師叮嚀〕

玉米富含粗纖維，可促進腸壁蠕動，製成麵疙瘩保留香氣且更方便進食；霜降天氣轉涼，搭配泡菜微辣提味，順應氣候變化，忌生冷宜攝取暖食。

〔主廚叮嚀〕

韓式泡菜有鹹度，調味鹽適量，才不會味道過鹹，避免久煮，可保持口感。

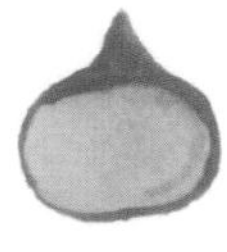

霜降 ❷ 荸薺

國曆10月23日或24日・霜降水泉涸、風緊草木枯

荸薺

荸薺口感脆甜適合與各類食物搭配，但容易腐爛，挑選較硬的而不要有碰傷或凹痕的為最佳。最好以完整不去殼的型態存放，放在冰箱最冷的地方可保存兩個禮拜，不論是生的、熟的、去殼或是未去殼的荸薺都可冷凍保存。

脆炒三鮮

準備時間／20 分鐘
烹調時間／25 分鐘

材料

荸薺8顆（約120g）
蒟蒻120g
鮮香菇100g
彩椒120g
西芹120g
油20g
薑末5g

調味料

醬油少許
香油少許

作法

1 荸薺洗淨，削皮，斜刀切片；香菇、西芹、彩椒分別洗淨，切薄片，備用。

2 取一炒鍋加油熱鍋，放入薑末炒香，加入鮮香菇片、蒟蒻、荸薺片、西芹片、彩椒片快速拌炒至熟。

3 加入全部調味料拌炒均勻，即可盛入盤享用。

〔營養成分分析〕

每1份量110克，本食譜含4份

熱量(kcal)	90	脂肪(g)	5	反式脂肪(g)	0	糖(g)	0
蛋白質(g)	2	飽和脂肪(g)	0	碳水化合物(g)	10	鈉(mg)	135

〔營養師叮嚀〕

荸薺的口感甜又脆，搭配蒟蒻、鮮菇口感佳香氣足，搭配各種富含植化素蔬菜，可增強抗氧化能力，有效達到保健效果，預防慢性疾病及增強免疫力。

〔主廚叮嚀〕

荸薺斜切片可較為放大，避免與其他食材配合顯得太小；拌炒蔬菜可視食材熟度依序入鍋拌炒，那麼就能維持蔬菜鮮脆甜美的口感。

霜降 ❸ 蘋果

國曆10月23日或24日・霜降水泉涸、風緊草木枯

蘋果

台灣梨山上的蜜蘋果，節氣「霜降」後，愈冷愈結蜜。蘋果富含膳食纖維、維生素A、B群、C。其非水溶性纖維可降低消化道吸收壞膽固醇；水溶性膳食纖維可以降低肝臟製造壞的膽固醇，因此蘋果具有保護心血管的功能。

果香炒飯

準備時間／5 分鐘
烹調時間／10 分鐘

材料

富士蘋果200g　白飯800g
雞蛋4顆　油60g

調味料

鹽1g
番茄醬60g

作法

1 蘋果洗淨，削皮，切丁；將雞蛋打散，放入容器中。
2 取炒鍋加入少許油熱鍋，放入蛋液炒香，起鍋，備用。
3 再放入少許油，加入白飯拌炒鬆散，放入鹽、番茄醬炒勻。
4 加入炒香的蛋、蘋果丁拌勻，即可食用。

〔營養成分分析〕

每1份量320克，本食譜含4份

熱量（kcal）	615	脂肪（g）	20.7	反式脂肪（g）	0	糖（g）	0
蛋白質（g）	13.5	飽和脂肪（g）	1.84	碳水化合物（g）	93.6	鈉（mg）	588.4

〔營養師叮嚀〕

蘋果因含多酚類物質，經酵素作用下會氧化變色。削皮後放入鹽水中，或用保鮮膜蓋住放進冰箱，可防止蘋果變色。

〔主廚叮嚀〕

蘋果起鍋前再加入，可維持其口感。

節氣食材

立冬	山藥	銀耳	草莓
小雪	栗子	芹菜	洛神花
大雪	猴頭菇	白蘿蔔	大白菜
冬至	老薑	香菇	黑木耳
小寒	山茼蒿	番茄	馬鈴薯
大寒	芥菜	甘藷	黑芝麻

冬季總論

陳怡真——中醫部主治醫師

一到冬季，人們總是懶洋洋的窩在棉被中不想起床，難道是惰性偷懶導致的嗎？其實在老祖宗的中醫養生寶典《黃帝內經》提及冬日的作息宜早睡晚起，確保充足睡眠，讓體內的陽氣得以潛藏，才能以更好的狀態迎接新的一年。

中醫所指的「早睡晚起」，就是為了要避開寒冷的氣候，以保護體內的陽氣。寒冷季節裡，患心臟病和高血壓病的人往往會病情加重，中風患者也增多，這類冬季好發的疾病正是呼應了寒氣傷人體的概念，所以在冬季，適當的保暖與保護陽氣是非常重要的。

立冬後，許多生物為了避開寒冷、活動慢慢減少準備冬眠，養精蓄銳等待隔年春天來臨。進入小雪後，氣溫開始下降，平時應注意背部及腿部保暖，白天多曬太陽，在家可用溫熱水泡腳，促進血液循環，讓身體更健康。

到了大雪時節，天氣更加寒冷，若要冬令進補必須兼顧脾胃消化力，進補仍以適當為原則，過與不及都不符合自然的規律，進補建議諮詢專業人士為佳。

另外，冬季天氣較陰冷晦暗，心情易引發抑鬱等症候，宜調節情緒，常曬太陽，或等到太陽完全出來再起床活動，也可多聽音樂、適當運動，讓身心處於健康平穩，就能平安健康度過冬天。

立冬
初冬、終也、萬物收藏也
國曆11月7日或8日

立冬是冬季的第一個節氣，《月令七十二候集解》裡提到：「**立，建始也。冬，終也，萬物收藏也。**」，這段時間剛入冬，氣候不穩定，溫差變化較大，一不小心寒邪就容易侵入人體，好發呼吸道疾病，因此特別要小心保暖！在台灣，立冬不一定會感到特別寒冷，有時甚至會出現大太陽、溫暖的「小陽春」天氣，民俗上稱農曆十月為陽月、又名小春，故有「**十月小陽春**」這句俗諺 。

俗話說：「**立冬補冬補嘴空**」，人們經過大半年的辛勞，消耗了許多體力，所以要在冬天進補來恢復元氣。

中醫師推薦養生食材

- **山藥**：性平微溫，能幫助消化，補充體力，很適合用於滋補或食療。

- **白木耳**：是營養豐富的滋補品，能滋陰潤肺，益胃生津，潤腸通便，且富含膠質，作為料理食材，不但能保養肺部及腸胃系統，還可順便潤膚養顏呢！

- **草莓**：冬天到隔年春天是草莓的產季，中醫認為草莓可以潤肺生津，涼血解毒，現代醫學也認為草莓對腸胃道及貧血有滋補的功效，因此，在冬天享受新鮮草莓，不但開心又能養生。

立冬 ❶ 山藥

國曆11月7日或8日・初冬、終也、萬物收藏也

山藥

補養與美味的山藥盛產在冬季，很適合立冬食用。山藥的黏液富含糖蛋白質，含有消化酵素，可提高人體內的消化能力，但溫度過高及久煮後，會喪失其酵素作用，須注意。

豆豉青辣山藥

準備時間／5 分鐘
烹調時間／10 分鐘

山藥150g
青辣椒10g
豆豉5g

油10g

1 山藥去皮，切小丁；青辣椒洗淨，切小段。
2 取炒鍋倒入油熱鍋，放入青辣椒、豆豉拌炒至有香氣。
3 放入山藥丁翻炒，即可起鍋享用。

〔營養成分分析〕

每1份量170克，本食譜含1份

熱量(kcal)	238	脂肪(g)	10.7	反式脂肪(g)	0	糖(g)	0
蛋白質(g)	5.3	飽和脂肪(g)	0.1	碳水化合物(g)	30	鈉(mg)	300

〔營養師叮嚀〕

山藥屬於全穀根莖類而非蔬菜類，如有糖尿病需注意攝取量，造成血糖過高反而不好。

〔主廚叮嚀〕

山藥皮中所含的皂角素或黏液所含的植物鹼，會造成手部發癢，削山藥皮時，要記得戴手套。

立冬 ② 銀耳

國曆11月7日或8日・初冬、終也、萬物收藏也

銀耳

驚蟄時天氣乍暖還寒，易口乾舌燥，很適合食用銀耳。銀耳富含多醣、膠質、膳食纖維。在烹煮時，熬煮時間拉長會讓白木耳的膠質和多醣體溶出，多醣體與調節身體免疫能力有關。

紫心銀耳露

準備時間／30 分鐘
烹調時間／15 分鐘

紫芋地瓜240g
乾銀耳20g

冰糖60g
水800cc

1 銀耳用清水沖淨，加水泡開，剪掉蒂頭，洗淨，切小片；紫芋地瓜，削皮，切丁。
2 銀耳、紫芋地瓜放入電鍋中，外鍋水1杯，蒸熟，取出。
3 取一半紫芋地瓜、一半銀耳，放入果汁機中，加入水攪打均勻。
4 攪打完成後做為湯底，加入冰糖，與剩下的銀耳及紫芋地瓜，加熱，即可食用。

〔營養成分分析〕

每1份量280克，本食譜含4份

熱量(kcal)	148	脂肪(g)	0.1	反式脂肪(g)	0	糖(g)	2.6
蛋白質(g)	1.1	飽和脂肪(g)	0	碳水化合物(g)	35.7	鈉(mg)	53.8

〔營養師叮嚀〕

銀耳含植物性膠質蛋白質及豐富的礦物質、膠原蛋白、多醣體等，對於穩定血糖及控制膽固醇有輔助的效果。因屬於中高普林食物，在高尿酸者，非急性發作期時可適當使用。

〔主廚叮嚀〕

銀耳一定要用冷水浸泡，泡開後才可以使用，避免使用熱水浸泡造成軟爛現象。

立冬 ③ 草莓

國曆11月7日或8日・初冬、終也、萬物收藏也

草莓

立冬是草莓盛產的日子，草莓含有高量的膳食纖維、維生素C、多酚類，在許多研究成果中發現，草莓當中的多酚類可以降低發炎、癌症、心血管疾病的發生。

麻芛莓糯捲

準備時間／5 分鐘
烹調時間／30 分鐘

草莓3顆
糯米1/4碗
中筋麵粉30g
麻芛粉1.5g

黑糖10g
油10g

1 糯米洗淨，浸泡冷水2～3個小時，蒸熟。
2 黑糖倒入平底鍋以小火拌炒至有香氣。
3 直至炒至黑糖冒泡後，加入糯米炒勻，即成黑糖糯米飯。
4 中筋麵粉、麻芛粉放入容器中，加入少許的水拌勻，即成麵糊。
5 取一平底鍋倒入少許油熱鍋，放入適量的麵糊，形成圓餅狀，以小火煎熟，依序全部完成。
6 取煎好的麵皮餅，放入適量的黑糖糯米飯，再加上草莓，依序全部完成，即可食用。

〔營養成分分析〕

每1份量200克，本食譜含1份

熱量(kcal)	329	脂肪(g)	10.6	反式脂肪(g)	0	糖(g)	10
蛋白質(g)	5.9	飽和脂肪(g)	0.1	碳水化合物(g)	52.6	鈉(mg)	9.4

〔營養師叮嚀〕

草莓富含豐富維生素C，維生素C是水溶性，遇熱易破壞，注意避免加熱。

〔主廚叮嚀〕

麵皮在煎煮的過程，容易煮焦，請用小火慢慢煎至熟，用心烹調的美味，家人都能感受到這份甜蜜的愛。

虹藏不見、天氣上騰、閉塞而成冬

小雪

・國曆11月21日——23日

小雪為冬季第二個節氣，《月令七十二候集解》說：「十月中，雨下而為寒氣所薄，故凝而為雪。小者未盛之辭。」代表天氣在這個節氣裡，已經開始慢慢轉寒，大陸黃河流域已開始下起小量的雪，而台灣氣候較暖和，只有高山才有降雪的可能，但無論高山或平地，皆能感受到愈來愈增強的東北季風。

有句俗諺「月內若霆雷，豬牛飼不肥」是指在這個時節，應該不會打雷，但若聽到雷聲，則代表氣候出現異常現象，可能影響畜牧業及農作物的生長，要特別提高警覺。

中醫師推薦養生食材

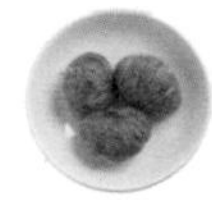

- **栗子**：中醫古籍《本草綱目》裡記載：「栗味甘性溫，入脾胃腎經。」可以治療腎虛，腰腿無力，又能顧腸胃，但要注意栗子一次吃太多容易腹脹，食用時要適量且細嚼慢嚥，方能達到保健的效果喔！

- **芹菜**：是高纖維食材，有平肝、鎮靜、利水消腫的功效，現代醫學則認為芹菜對抗癌，降血壓，婦女月經不調有輔助調養的作用，可作為食療的好材料。

- **洛神花**：洛神花素有植物界的紅寶石之稱，現代醫學認為洛神花有調整血脂及維護肝臟的作用，中醫典籍對洛神的記載不多，屬民間草藥，但其熬煮後有微酸味，被認為有生津止渴功效。

小雪 ❶ 栗子

國曆11月21日——23日・虹藏不見、天氣上騰、閉塞而成冬

栗子

台灣雖然有產栗子，不過產量不多，現在大部分的栗子都是進口的；帶殼的栗子蒸熟或是烤熟就可以食用，千萬不能用微波爐，否則栗子爆開而四散紛飛喔！乾燥的栗子要先泡軟後，除去殘留的膜，才不會吃到苦苦的味道喔！

栗子鬆糕

準備時間／20分鐘
烹調時間／30分鐘

熟甘栗60g　糯米粉60g
蜜紅豆40g　在來米粉60g

糖粉40g
水（或鮮奶）50cc

1 甘栗切成小粒狀放入容器中，加入蜜紅豆混勻，即成栗子紅豆餡。
2 糯米粉、在來米粉、糖粉放入容器中混合均勻。
3 將水均勻撒入**作法2**攪拌後，成碎塊狀，再用手將粉塊搓散。
4 接著用細篩網均勻過篩，成為細緻且微濕的鬆糕粉。
5 取一個小蒸籠內層鋪上保鮮膜，輕輕灑上一半的鬆糕粉。
6 接著取一半的栗子紅豆餡，在表面上均勻地輕灑。
7 倒入剩下的鬆糕粉，再將另一半栗子紅豆餡均勻輕撒在最上層。
8 準備一鍋滾水煮沸，放入**作法7**以大火蒸煮20分鐘左右至熟，即可取出食用。

〔營養成分分析〕

每1份量78克，本食譜含4份

熱量(kcal)	182.5	脂肪(g)	0.5	反式脂肪(g)	0	糖(g)	14.2
蛋白質(g)	3.2	飽和脂肪(g)	0.1	碳水化合物(g)	41.5	鈉(mg)	13

〔營養師叮嚀〕

栗子含有醣類、不飽和脂肪酸、鈣、鐵、鉀、維生素B群等營養成分，有助於降低血壓、減少動脈硬化及冠心病的發生；栗子屬於全穀根莖類，糖尿病患者須注意分量攝取喔！

〔主廚叮嚀〕

1 鬆糕傳統是用「生粉」製作，做出來的質地疏鬆有孔洞，所以叫鬆糕，吃起來QQ的，和馬芬（Muffin）是完全不一樣的口感喔！由於「生粉」不易購買，所以用糯米粉和在來米粉取代鬆糕粉，為了讓質地疏鬆，放入模型後切忌重壓，以免影響口感。
2 如果沒有小蒸籠，就用模型抹油後，放入電鍋中蒸熟。鬆糕冰過後會變硬，吃之前要再蒸熱，趁熱享用最美味喔！

小雪 ❷ 芹菜

國曆11月21日——23日・虹藏不見、天氣上騰、閉塞而成冬

芹菜

芹菜和香菜又被稱為香料姊妹，做為香料或配菜都很適合；芹菜管是屏東縣新園鄉的特產，每年11月到隔年2月所抽花苔俗稱芹菜管，口感脆嫩，很適合做為配料使用。

芹香烤蛇餅

準備時間／5 分鐘
烹調時間／15 分鐘

材料

中筋麵粉100g　　奧勒岡草少許（依個人口味添加）
芹菜60g
紅蘿蔔35g

作法

1 芹菜、紅蘿蔔切細末，加入中筋麵粉、奧勒岡草及適量的水揉成麵糰後醒10分鐘。
2 將麵糰均分12等份，用手搓成細長條狀。
3 將麵糰以螺旋形纏繞至不鏽鋼筷（約可製作12支）。
4 小烤箱預熱3分鐘，放入**作法3**烤約5分鐘至麵糰金黃即可。
5 食用時可加上自己喜歡的調味醬。

〔營養成分分析〕

每1份量48克，本食譜含4份

熱量(kcal)	110	脂肪(g)	0.5	反式脂肪(g)	0	糖(g)	0
蛋白質(g)	3.6	飽和脂肪(g)	0.2	碳水化合物(g)	22.8	鈉(mg)	10.4

〔營養師叮嚀〕

芹菜又稱為香芹，原產於南歐一帶，含有粗纖維、膳食纖維、維生素A、維生素C、鉀、鈣、鐵等營養成分；同時芹菜具有降低血壓及穩定血壓的功效，芹菜葉的營養價值比莖還高，下次煮芹菜時，別再輕易丟掉了喔！

〔主廚叮嚀〕

1 可以依個人喜好加入少量海鹽及各式香料，如洋香菜、迷迭香、巴西利等，烤成硬餅就是好吃的香草蔬菜棒點心。
2 參加BBQ活動時，可以親子一起做，纏在長一點的竹枝上用炭火烤更有風味喔。
3 此麵糰是利用芹菜及紅蘿蔔本身的水分來製作，芹菜洗淨後要擦乾，以免麵糰太濕軟。

小雪 ❸ 洛神花

國曆11月21日——23日・虹藏不見、天氣上騰、閉塞而成冬

洛神花

新鮮洛神花的產季是10月到11月，用筷子從底部往中心推就可以輕鬆將種子去除；新鮮洛神花可用鹽去澀味之後，加糖醃漬就可以吃到爽脆的口感，如果想做成洛神醬，則用沸水汆燙後再醃漬，質地變軟後，才便於過篩製作喔！

洛神豆奶糕

準備時間／15分鐘
烹調時間／5分鐘

材料

新鮮洛神花100g　　玉米粉18g
糖40g　　杏仁漿（或鮮奶油）20cc
豆漿260cc

作法

1 將新鮮洛神花用熱水汆燙過後撈起，待涼後放入容器內。
2 將0.4倍洛神花重量的糖，加入冷開水倒入容器中，需淹過容器，放入冰箱一周後即可使用。
3 將漬好的洛神花放入篩網，用湯匙壓出即成洛神醬。
4 豆漿200g放入湯鍋中，以中小火煮至沸騰。
5 豆漿60g加入玉米粉後攪勻，邊攪拌邊徐徐倒入鍋中，並煮至濃稠。
6 趁熱分別倒入2個模型中，待涼，淋上杏仁漿及洛神醬，即可食用。

〔營養成分分析〕

每1份量80克，本食譜含4份

熱量(kcal)	71.3	脂肪(g)	1.4	反式脂肪(g)	0	糖(g)	5
蛋白質(g)	2.4	飽和脂肪(g)	0.2	碳水化合物(g)	12.2	鈉(mg)	16

〔營養師叮嚀〕

洛神花原產於西非和印度，含有維生素A、維生素C、蘋果酸、鐵、原兒茶酸（PCA）、花青素、類黃酮、異黃酮等營養成分，有助於減緩血管硬化及降低低密度膽固醇。

〔主廚叮嚀〕

1 此道甜點放入冰箱冷藏半小時，待冰涼後口感更加美味。
2 本配方用的杏仁漿是用南杏加水打成漿，可以讓口感更加溫順，也可以用杏仁粉沖調使用，或依個人口味用腰果奶或少量鮮奶油取代。
3 如果用的是無糖豆漿，則可依個人口味添加少許的糖來製作。

大雪

・國曆12月6日——8日

鶡旦不鳴、虎始交、荔挺生

《月令七十二候集解》：「**大者，盛也。至此而雪盛矣。**」雪在此時轉大故名大雪。台灣平地較難見到大雪紛飛，但因為有東北季風和來自大陸的冷氣團，夾帶豐沛的水氣南下，所以台灣高山區、北部及東北部地區會有長久的雨季。

中醫師推薦養生食材

- **猴頭菇：**素來與熊掌、海參、魚翅同列為中國四大名菜，有「山珍猴頭、海味燕窩」、「素中葷」之美名，在中醫而言，《中國藥用真菌》：「性平味甘，入脾、胃經，有利五臟、助消化、滋補身體」。主治體虛乏力、消化不良、胃與十二指腸潰瘍、慢性胃炎。不過值得注意的是，筋骨較差的患者，不宜多吃香菇類的食物，骨頭就如同木頭一般，香菇菌絲會撐破木頭發芽生長，香菇類的食物也可能讓筋骨痠痛加重。

- **白蘿蔔：**別名「萊菔」，日本人叫「大根」，台灣人俗稱「菜頭」。俗話說「冬吃蘿蔔夏吃薑，不用醫生開藥方」，是指蘿蔔和薑有較高的食療價值。白蘿蔔性味甘辛微涼，寬中化痰，散瘀消食。蘿蔔的種子是常用的中藥，又名萊菔子，可以消食除脹，降氣化痰。值得注意的是蘿蔔會化氣，服用人參類溫補藥時忌食本品，以免影響補藥的功效。白蘿蔔屬於涼性食材，脾胃較虛寒者不宜多吃以免會有腹瀉現象。

- **大白菜：**又名「包心白菜」。在《本草綱目拾遺》提到：「白菜汁，甘溫無毒，利腸胃，除胸煩，解酒渴，利大小便，和中止咳嗽」。冬季是其盛產期，冬天想要吃火鍋進補，白菜會是個很適合的食材。但大白菜性偏寒涼，體寒怕冷、胃寒腹痛、腹瀉的人不可多吃。

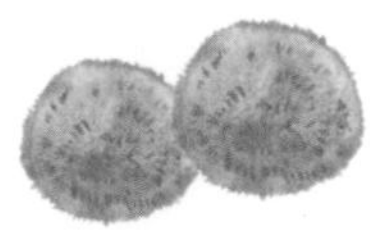

大雪 ❶ 猴頭菇

國曆12月6日——8日・鶡旦不鳴、虎始交、荔挺生

猴頭菇

猴頭菇含有蛋白質26.3%，脂肪4.2%，醣類44.9%，粗纖維6.4%，16種氨基酸（包括人體必需的8種），以及硫胺素、核黃素、胡蘿蔔素及磷、鐵等營養素，營養成分非常豐富。

麻油猴頭菇粉絲

準備時間／5 分鐘
烹調時間／20 分鐘

猴頭菇100g
冬粉20g
麻油12g
老薑片30g

七味粉5g

1 猴頭菇洗淨放入水中泡軟後，撕成塊狀，擠乾水分；冬粉泡水至軟，備用。
2 取炒鍋倒入麻油熱鍋，放入老薑片以小火煸乾至有香味。
3 加入猴頭菇拌炒，倒入開水200cc，蓋上鍋蓋煮約15分鐘。
4 另起一鍋滾水，放入粉絲煮約3分鐘至熟，撈起。
5 將煮好的冬粉，放入麻油猴頭菇湯中，撒上七味粉，即可食用。

〔營養成分分析〕

每1份量250克，本食譜含4份

熱量(kcal)	275	脂肪(g)	20	反式脂肪(g)	0	糖(g)	0
蛋白質(g)	3	飽和脂肪(g)	0	碳水化合物(g)	20	鈉(mg)	5

〔營養師叮嚀〕

《中國藥用真菌》記載：猴頭菇味甘、性平、能利五臟有助消化、滋補的作用，而麻油有熱補的效能，常做為坐月子補品，節氣大雪時天氣愈來愈冷，可來一碗麻油猴頭菇粉絲調補身體，可增強免疫力。

〔主廚叮嚀〕

麻油適合中小火炒，若是超過發煙點開始變質，對身體反而有害，且麻油易焦苦，所以要開小火將麻油與薑片慢慢乾煎，至有薑香味。

大雪 ② 白蘿蔔

國曆12月6日——8日・鶡旦不鳴、虎始交、荔挺生

白蘿蔔

白蘿蔔中含有維生素C與微量的礦物質鋅，可加強人體免疫功能，白蘿蔔也含有豐富的膳食纖維可以促進腸胃的蠕動。

大根煮佐芥末

準備時間／5分鐘
烹調時間／60分鐘

白蘿蔔100g

醬油100cc
糖10g
水1000cc
芥末醬少許

1 白蘿蔔洗淨，去皮，切圓段。
2 將水倒入湯鍋中，放入白蘿蔔、醬油、糖，以小火煮約1個小時。
3 待白蘿蔔煮透入味，即可盛入盤中，搭用芥末醬，即可食用。

〔營養成分分析〕

每1份量200克，本食譜含1份

熱量(kcal)	125	脂肪(g)	0	反式脂肪(g)	0	糖(g)	10
蛋白質(g)	15	飽和脂肪(g)	0	碳水化合物(g)	40	鈉(mg)	2500

〔營養師叮嚀〕

大雪節氣天氣寒冷，白蘿蔔中含有豐富的維生素C與微量的鋅，可加強人體免疫功能，膳食纖維有助於腸胃消化，減少糞便在腸道停留的時間，為這個節氣不錯的食療佳品。

〔主廚叮嚀〕

白蘿蔔有時煮起來會微苦，用刀子在皮上輕劃幾下，就可以順利的把最外圍的一圈去掉，就可去除苦味喔。

大雪 ❸ 大白菜

國曆12月6日——8日・鶡旦不鳴、虎始交、荔挺生

大白菜

大白菜含有維生素C、礦物質鉀、鎂及膳食纖維等營養素。大白菜的烹調方式，應先洗乾淨後再切，並快速烹調，以防止維生素C流失。

焗烤白菜義大利麵

準備時間／15 分鐘
烹調時間／40 分鐘

大白菜60g
義大利麵240g
豆漿480cc
麵粉30g
起司絲50g

植物奶油10g
鹽1公克
黑胡椒粉1公克

1 大白菜洗淨；義大利麵放入滾水中煮熟，撈起，備用。

2 取一平底鍋，放入植物奶油以小火融化，接著慢慢加入麵粉炒至成糊狀。

3 加入豆漿、大白菜，以小火拌炒，放入義大利麵、鹽及黑胡椒粉煮入味。

4 盛入烤盤中，表面均勻灑上起司絲。

5 烤箱預熱200℃，烘烤約10分鐘至表面起司絲融化呈金黃色，即可食用。

〔營養成分分析〕

每1份量200克，本食譜含4份

熱量(kcal)	474	脂肪(g)	30	反式脂肪(g)	0	糖(g)	0
蛋白質(g)	23	飽和脂肪(g)	0	碳水化合物(g)	28	鈉(mg)	486

〔營養師叮嚀〕

大雪節氣，會有較明顯的降溫，大雪節氣養生要從飲食開始，其中大白菜為這個節氣不錯的食療佳品。用大白菜及豆漿製作白醬，是吃純素或者有乳糖不耐症的人一個不錯的選擇。

〔主廚叮嚀〕

加入豆漿要注意一邊攪拌，一邊慢慢加入，一口氣倒入，容易結成塊。

冬至
蚯蚓結、麋角解、水泉動
・國曆12月21日——23日

冬至俗稱「冬節」、「長至節」、「亞歲」，在《月令七十二候集解》提到「**十一月十五日，終藏之氣，至此而極也**」，冬至時陰極之至，這天是北半球白天最短，夜晚最長的一天。俗諺「冬至一陽生」，天地陽氣漸強，從這天起白晝漸長，周圓復始，代表下一個循環的開始。中國北方有在這天吃餃子、餛飩，南方吃湯圓的習俗。台灣有句俗諺：「**冬至圓仔食落加一歲**」，是指冬至為古代之過年，吃過冬至湯圓即算添一歲。

中醫師推薦養生食材

- **老薑**：又叫薑母，俗語說：「薑是老的辣」，只要是栽植滿10個月，莖肉縮瘦，外皮粗厚，汁少辣味強，其驅風、暖胃的能力較嫩薑強。一般而言，嫩薑開胃，老薑回陽，其味辛性溫，歸肺、脾、胃經，解表散寒、溫中健胃止嘔、化痰止咳，可解魚蟹毒。不過對於容易嘴破、喉嚨痛、冒痘痘、胃潰瘍等病症的民眾則不宜多食。

- **香菇**：在中藥典籍紀載：「性甘味平，入肝、脾、胃經，扶正補虛，健脾開胃」，古人常用來進補用，也是茹素者常用的食物。但香菇是高普林食物，有些人體質特殊，多食香菇容易造成尿酸堆積形成痛風。

- **黑木耳**：中醫理論認為色黑入腎，黑木耳是一道適合冬天滋陰養腎的食材，具有膳食纖維可以促進腸胃蠕動。《隨息居飲食譜》載：「補氣耐飢，活血。」，其本身具有抗凝血的作用，有助於心血管疾病的預防。但也因黑木耳具有抗凝血功效，凝血功能不佳，手術前後或女性月經期間不宜食用。

冬至 ❶ 老薑

國曆12月21日——23日・蚯蚓結、麋角解、水泉動

老薑

薑含有特殊的氣味，是常用的辛香料之一，可用來調味、驅寒。俗語說：「薑是老的辣」。老薑為栽植10個月後成熟老化，外皮粗厚辣味強，此時採收稱為老薑，即薑母。薑的熱量低，且含有礦物質鉀及少量的水溶性維生素。

老薑黑糖年糕

準備時間／15 分鐘
烹調時間／90 分鐘

老薑120g

黑糖50g
糯米粉300g
水300cc

1 將老薑洗淨，去皮，用調理機打成泥。
2 熱鍋加入老薑泥、黑糖，以小火炒至黑糖融化。
3 加入過篩後的糯米粉快速拌勻，即成薑糖糯米粉漿。
4 取電鍋的內鍋放置玻璃紙，倒入薑糖糯米粉漿，外鍋水1杯，蒸約1小時（**每20分鐘補一杯水，防止蒸乾**），待粉漿蒸熟後，取出，即可食用。

〔*營養成分分析*〕

每1份量250克，本食譜含1份

熱量(kcal)	225	脂肪(g)	0	反式脂肪(g)	0	糖(g)	50
蛋白質(g)	2	飽和脂肪(g)	0	碳水化合物(g)	56	鈉(mg)	37

〔*營養師叮嚀*〕

冬至進補，且逢過年過節家家戶戶都需要準備年糕，使用老薑製作的黑糖年糕，不僅應景，且冬至時天氣寒冷，易傷風感冒、噁心嘔吐，老薑具有緩解的功效。

〔*主廚叮嚀*〕

老薑泥加熱時需不斷慢慢拌炒，這樣才可以避免底部黏鍋、燒焦。倒入模型盤中需快速壓平，冷掉較不易塑型。此道的口感有別於傳統的甜年糕，甜而不膩，還有老薑及黑糖的香氣，彈Q又美味，品嚐過的人都讚不絕口，有機會可以抽空做看看哦！

冬至 ❷ 香菇

國曆12月21日——23日・蚯蚓結、麋角解、水泉動

香菇

菇類富含多醣體，營養價值介於豆、蛋類與蔬果類之間。菇類採買宜以菌傘內捲，尚未完全張開者較新鮮。若購買乾香菇則宜以熱水（約70～80℃）適度泡發，釋出鮮味物質。

準備時間／ 15 分鐘
烹調時間／ 30 分鐘

鮮香菇6朵
馬鈴薯100g
紅蘿蔔30g

黑胡椒粉少許　太白粉少許
鹽少許　海苔粉少許
糖10g

1 將鮮香菇去蒂；紅蘿蔔挖球狀；馬鈴薯去皮，切片，蒸熟，搗碎，備用。

2 將搗碎的馬鈴薯，加入黑胡椒粉、鹽、糖調味。

3 取一朵鮮香菇在菌傘層中間，放入紅蘿蔔球，再用調味馬鈴薯揉成圓球狀，即成鮮菇蛋，依序全部完成。

4 放入電鍋中，以外鍋水 1 杯蒸至熟，取出。

5 另以少許鹽及太白粉製作薄芡汁，淋上**作法4**，撒上海苔粉，即可食用。

〔營養成分分析〕

每1份量40克，本食譜含6份

熱量(kcal)	30	脂肪(g)	0.2	反式脂肪(g)	0	糖(g)	1.7
蛋白質(g)	1.2	飽和脂肪(g)	0	碳水化合物(g)	4.5	鈉(mg)	16

〔營養師叮嚀〕

菇類富含多醣體，低溫非油炸方式烹調時，其內含的核甘酸、脂肪酸等香氣來源更易散發出來。奶蛋素者亦可將紅蘿蔔置換為鹹蛋黃或起司。

〔主廚叮嚀〕

馬鈴薯切碎略壓即可，品嚐時較有咀嚼感。

冬至 ❸ 黑木耳

國曆12月21日——23日・蚯蚓結、麋角解、水泉動

黑木耳

黑木耳富含膳食纖維，可以幫助腸胃蠕動有助於便祕患者食用，此外木耳也有助於保護腸胃、美容養顏與強化免疫能力。

桂圓黑白木耳飲

準備時間／30 分鐘
烹調時間／10 分鐘

黑木耳40g
白木耳40g
桂圓果肉12顆
水1000cc

糖 20g

1 黑木耳、白木耳分別沖淨，浸泡水至軟。
2 將水放入湯鍋，加入黑木耳、白木耳、桂圓果肉，以中火煮沸。
3 加入糖拌勻後，倒入果汁機中攪打均勻，即可享用。

〔營養成分分析〕

每1份量300克，本食譜含4份

熱量(kcal)	65	脂肪(g)	0.2	反式脂肪(g)	0	糖(g)	5
蛋白質(g)	0.6	飽和脂肪(g)	0	碳水化合物(g)	15	鈉(mg)	6.8

〔營養師叮嚀〕

每100g乾木耳含有蛋白質12克，脂肪1.5克，膳食纖維9.9克，醣類35.7克，鈣247毫克，鐵97.4毫克及多種維生素，營養價值非常的高。

〔主廚叮嚀〕

桂圓已有些許甜度可不需加太多糖，也可依自己口味調整糖及水量。

雁北鄉、鵲始巢、雉始鴝

小寒

・國曆1月5日——7日

根據中國氣象資料，小寒是氣溫最低的節氣，只有少數年份的大寒氣溫低於小寒的。而中醫定義的寒邪，為陰邪，易傷人體陽氣，寒主收引凝滯。俗話說「**小寒大寒寒得透，來年春天天暖和**」，是故在這個節氣若能寒得剛剛好，勿傷其陽，冬主收藏，隔年的春天，陽氣便會以更具彈性的狀態散發出來。在這個節氣裡，除了使用當季食材外，更重要的是該以溫熱的烹飪方式呈現，不宜冰冷。

中醫師推薦養生食材

- **山茼蒿**：味辛，平，無毒，最早出現在唐朝的文獻，和脾胃，利二便，消痰飲，在《得配本草》有提到，泄瀉者禁用，與其容易滑腸有關。

- **番茄**：最早是在祕魯被栽種，而後才傳到東方，而番茄所富含的茄紅素，有助於心血管疾病的預防。但番茄通常被歸類為寒性水果，在冬天建議煮熟之後再吃，較有助於身體的陽氣。

- **馬鈴薯**：味甘，性平，和胃健中，它比大米、麵粉具有更多的優點，能供給人體大量的熱能，且具備許多其他種類的營養素，相當適合在寒冷的節氣當中作為能量補充的選擇。

小寒 ❶ 山茼蒿

國曆1月5日——7日・雁北鄉、鵲始巢、雉始鴝

山茼蒿

烹煮時散發的特殊香氣能增進食慾，為葉莖類中β-胡蘿蔔素含量豐富的蔬菜，具抗癌、抗氧化的功能。

堅果醬拌山茼蒿

準備時間／15 分鐘
烹調時間／20 分鐘

山茼蒿400g
腰果8粒
杏仁4粒
核桃4粒

橄欖油1茶匙（約8g）

1 將三種堅果放入烤箱以100℃烘烤5分鐘，放入研磨機打碎，再拌入橄欖油，即成堅果醬。
2 山茼蒿洗淨，放入滾水中汆燙至熟，撈起，切段狀，淋上堅果醬，即可食用。

〔營養成分分析〕

每1份量100克，本食譜含4份

熱量(kcal)	76	脂肪(g)	6	反式脂肪(g)	0	糖(g)	0
蛋白質(g)	3	飽和脂肪(g)	0	碳水化合物(g)	3.4	鈉(mg)	56

〔營養師叮嚀〕

山茼蒿為葉莖類中β-胡蘿蔔素含量豐富的蔬菜，具抗癌、具氧化的功能。烹煮時散發的特殊香氣亦能增進食慾，適合加入熱湯或鍋類烹調，適合小寒食節時用以促進血液循環。

〔主廚叮嚀〕

堅果經低溫烘焙後帶有微香，攪打後較有香氣，口感也較好！且腰果本身有些許甜味，可增加腰果使用比例風味較佳。

小寒 ❷ 番茄

國曆1月5日——7日・雁北鄉、鵲始巢、雉始鴝

番茄

番茄含有多種維生素礦物質，更含有大量的茄紅素，具有抗氧化、抑制癌細胞增生及預防心血管疾病的功能。

番茄年糕湯

準備時間／8 分鐘
烹調時間／15 分鐘

番茄2顆
起司4片
年糕12條
水800cc

橄欖油2匙
鹽5g

1 番茄洗淨，切成小塊。
2 取炒鍋倒入橄欖油、番茄以中小火拌炒，倒入水煮沸。
3 放入年糕煮至軟、加入鹽調味，最後加上起司，即可食用。

〔營養成分分析〕

每1份量300克，本食譜含4份

熱量(kcal)	110	脂肪(g)	4.9	反式脂肪(g)	0	糖(g)	0
蛋白質(g)	5	飽和脂肪(g)	0.4	碳水化合物(g)	11.4	鈉(mg)	691

〔營養師叮嚀〕

在氣候轉寒的時節，番茄所含的茄紅素，具有預防心血管疾病的功能。茄紅素屬於脂溶性，烹調時與油脂一起烹煮有較高的吸收率。熱熱的湯更適合在小寒時食用。

〔主廚叮嚀〕

湯品加入起司片融化後，湯頭即變得香濃美味，所以不需要添加過多的調味品調味。

小寒 ③ 馬鈴薯

國曆1月5日——7日・雁北鄉、鵲始巢、雉始鴝

馬鈴薯

馬鈴薯營養成分佳，有「地下蘋果」之稱，是富含大量碳水化合物的根莖類主食，要避光、陰冷、乾燥條件貯存，以避免發芽後產生有毒的茄鹼，若食用過多含有茄鹼的植物，可能會急性中毒，應注意並非切除芽眼就可完全去除毒性。

輕鬆可樂餅

準備時間／25 分鐘
烹調時間／20 分鐘

馬鈴薯3顆（約360g）
毛豆仁50g
素鴨肉40g

素鬆60g

1 將馬鈴薯洗淨，放入電鍋中蒸熟，取出，去皮，壓泥，備用。
2 將素鴨肉切細丁，再放入不沾鍋炒香，備用。
3 毛豆仁洗淨，放入滾水汆燙至熟，撈起，備用。
4 將馬鈴薯泥、毛豆仁、素鴨肉丁放入容器中攪拌均勻，取適量做成橢圓形狀，表層沾上素鬆，依序全部完成，即可食用。

〔營養成分分析〕

每1份量120克，本食譜含4份

熱量(kcal)	160	脂肪(g)	3	反式脂肪(g)	0	糖(g)	0
蛋白質(g)	9.4	飽和脂肪(g)	0.3	碳水化合物(g)	29	鈉(mg)	230

〔營養師叮嚀〕

寒冷的天氣讓人胃口大開，而馬鈴薯是富含碳水化合物與維生素及礦物質的根莖類主食，適合變化製成受歡迎的可樂餅，設計外層沾裹素鬆即可輕鬆完成，減少油炸過程，避免攝取過多的飽和脂肪。

〔主廚叮嚀〕

素鴨肉切細丁，入鍋小火煸香可提升成品香氣，亦可選擇煙燻串素鴨增加風味。

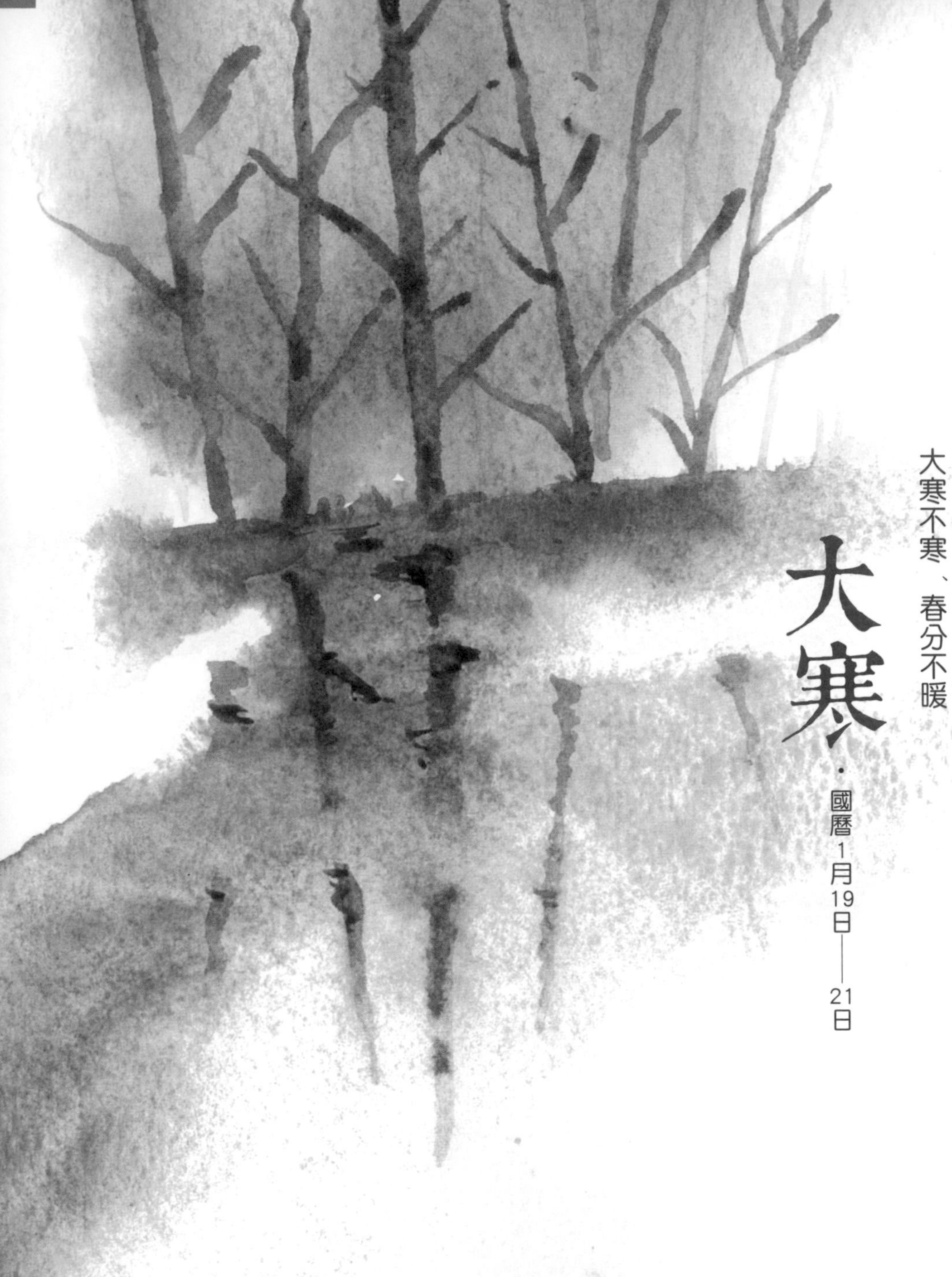

大寒

大寒不寒、春分不暖

・國曆1月19日——21日

在寒冷的季節裡，患心臟病和高血壓病的人更容易病情加重，中風患者增多，這便是「血遇寒則凝」的概念。在這個季節裡，宜補充具有益腎、強腎之功的藥物，再加上一些溫性的食物也有助於舒緩陰寒之氣。

中醫師推薦養生食材

- **芥菜**：利肺豁痰、消腫散結，主治寒飲咳嗽、痰滯氣逆、胸膈滿悶、淋症、牙齦腫爛、乳癰、痔腫、凍瘡。現代研究顯示有改善消化且有助於脂肪的代謝。

- **甘藷**：始記載在《本草綱目》，味甘，性平，和血補中、寬腸通便，主脾虛氣弱、腎陰不足諸證。類似馬鈴薯，可以提供大量的熱能且具備多種營養素。

- **黑芝麻**：又名胡麻、油麻、巨勝，味甘，性平，補肝腎，益精血，潤腸燥。用於頭暈眼花，耳鳴耳聾，鬚髮早白，病後脫髮，腸燥便秘，是補腎常用用藥，常搭配桃核、腰果、杏仁、鹹蛋黃等等合併作為食療。

大寒 ❶ 芥菜

國曆1月19日——21日・雁北鄉、鵲始巢、雉始鴝

芥菜

新鮮的芥菜和芥菜心則是很好的防癌食物，含有豐富β-胡蘿蔔素、維生素A等抗氧化成分，亦是民間過新年常見的長年菜，在傳統資料中記載，能刺激人體胃液分泌，幫助消化，去除油膩，盛產期在秋冬季（每年11月到來年3月）。

準備時間／20 分鐘
烹調時間／25 分鐘

芥菜心100g
紅蘿蔔片10g
地瓜片30g
鴻喜菇30g
水450cc

太白粉水10cc
水45g
醬油、香油各少許（依個人口味添加）

1 將芥菜心洗淨，切片；紅蘿蔔、地瓜分別洗淨，去皮，切片，備用。
2 鴻喜菇用清水沖洗，撥開，備用。
3 將水入鍋煮滾，依序放入芥菜心、紅蘿蔔片、地瓜片及鴻喜菇煮至熟。
4 放入醬油、太白粉水勾芡，盛入容器中，加入香油，即可食用。

〔營養成分分析〕

每1份量120克，本食譜含 4 份

熱量(kcal)	75	脂肪(g)	3	反式脂肪(g)	0	糖(g)	0
蛋白質(g)	2	飽和脂肪(g)	0	碳水化合物(g)	12	鈉(mg)	88

〔營養師叮嚀〕

芥菜是大寒的食材，在中醫方面有祛痰健胃之功效，冬天應多攝取各類當季健脾消滯的蔬菜與菇類，可以平衡一下年節食物之過飽進食。

〔主廚叮嚀〕

甘藷甜味可中和芥菜之微苦，但勿煮爛而失去形狀美感，紅蘿蔔與地瓜若是雕花切片，更能豐富視覺的享受。

大寒 ❷ 甘藷

國曆1月19日——21日・雁北鄉、鵲始巢、雉始鴝

甘藷

富含胡蘿蔔素與膳食纖維，具有抗氧化與腸道保健的功能，是經濟實惠的高營養密度食品，提供豐富的碳水化合物與礦物質之根莖類主食。建議保存在室溫20度以下通風良好地方，發芽前食畢為宜。

甘藷布蕾

準備時間／25分鐘
烹調時間／20分鐘

無糖豆漿520g
甘藷220g（4小條）
洋菜條20g
砂糖30g
（或可可粉）

香草條少許

1 將甘藷洗淨，削皮，放入電鍋中蒸熟，取出，壓成泥。
2 豆漿、香草條放入湯鍋中，以小火煮沸，增加香味，加入洋菜條煮至融化。
3 加入熟甘藷泥攪打均勻，盛入容器中，依個人喜好可以在表面灑砂糖，用噴槍烤融成焦糖（或擠上少許甘藷泥裝飾），即可食用。

〔營養成分分析〕

每1份量180克，本食譜含4份

熱量(kcal)	135	脂肪(g)	1.5	反式脂肪(g)	0	糖(g)	10
蛋白質(g)	5.5	飽和脂肪(g)	0	碳水化合物(g)	25	鈉(mg)	89

〔營養師叮嚀〕

秋季是甘藷成熟的季節，其富含維生素C、鈣質、葉酸、鉀及β-胡蘿蔔素，具備自然甜味與膳食纖維，製成布丁甜點有助老人與小孩進食，是預防便秘的優良保健食物。

〔主廚叮嚀〕

洋菜冷卻凝固後口感偏硬，少量即有助凝固效果，若喜愛軟嫩口感者可減少用量，或趁溫熱食用。

大寒 3 黑芝麻

國曆1月19日——21日・雁北鄉、鵲始巢、雉始鴝

黑芝麻

黑芝麻鈣、鐵的含量較高於白芝麻，也含有較多的粗纖維。大寒是一年中最冷的日子，傳統中醫認為，冬季適合養腎，可多吃黑色的食物，例如：黑芝麻、黑豆等。

準備時間／5 分鐘
烹調時間／15 分鐘

黑芝麻醬15g
熟麵條2小碗
紅蘿蔔15g
乾香菇10g
素肉絲30g
沙拉油5g

醬油膏5g
鹽1.5g
水適量

1. 乾香菇洗淨，泡軟，切絲；紅蘿蔔去皮，切絲；素肉絲泡軟，備用。
2. 取炒鍋加入沙拉油熱鍋，放入紅蘿蔔絲、香菇絲爆香。
3. 加入熟麵條、素肉絲拌炒，放入黑芝麻醬、醬油膏、鹽及少許的水拌勻調味，即可食用。

〔營養成分分析〕

每1份量350克，本食譜含1份

熱量(kcal)	462	脂肪(g)	19.4	反式脂肪(g)	0	糖(g)	0
蛋白質(g)	13.5	飽和脂肪(g)	1.9	碳水化合物(g)	58.3	鈉(mg)	1379

〔營養師叮嚀〕

黑芝麻雖美味又營養，含有豐富的單元不飽和脂肪酸，但因屬於堅果油脂類，熱量並不低，請適量攝取。

〔主廚叮嚀〕

黑芝麻醬極易燒焦，在烹煮時亦可起鍋再添加，或轉小火拌煮至有香味。

五色食材有助於抗衰老、養五臟

—72 種健康食材速查表—

白色（滋養肺、大腸、鼻、肌膚）

杏鮑菇（P.26）	苦瓜（P.108）	山藥（P.174 ）
豆腐（P.44）	糯米（P.124）	銀耳（P.176）
春筍（P.50）	水梨（P.134）	猴頭菇（P.190）
薏仁（P.66）	蘑菇（P.144）	白蘿蔔（P.192）
冬瓜（P.84）	荔枝（P.136 ）	大白菜 （P.194）
蓮子（P.100）	荸薺（P.166）	馬鈴薯（P.210）

黃色（滋養胃、脾胰）

花椰菜（P.24）	鳳梨（P.92 ）	香蕉（P.160）
花生（P.28）	芒果（P.110）	玉米（P.164 ）
豆乾（P.36）	金針花（P.132）	栗子（P.182）
黃豆芽（P.52）	芋頭（P.142）	老薑（P.198）
蓮藕（P.74）	南瓜（P.150）	甘藷（P.216）

紅色（滋養心臟、小腸、腦）

黑色（滋養腎、骨、耳、生殖器官）

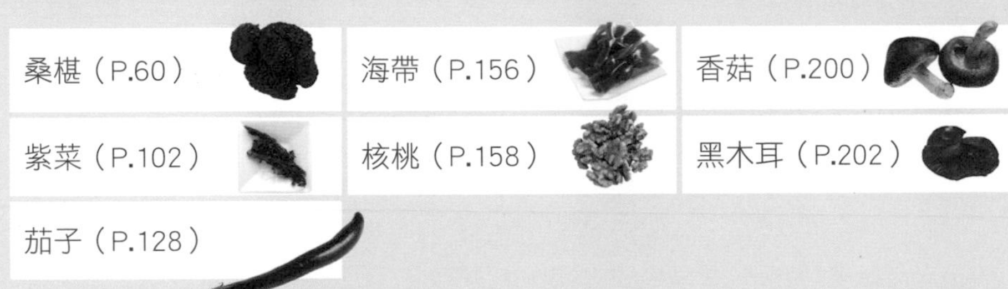

綠色（滋養肝臟、膽、眼、筋肌）

24節氣輕蔬食 好評修訂版

Family 健康飲食 39X

作　　者／花蓮慈濟醫學中心營養科&中醫部團隊
選 書 人／林小鈴
主　　編／陳玉春

行銷經理／王維君
業務經理／羅越華
總 編 輯／林小鈴
發 行 人／何飛鵬

出　　版／原水文化出版
台北市民生東路二段141號8樓
電話：（02）2500-7008　傳真：（02）2502-7676
E-mail：bwp.service@cite.com.tw
發　　行／英屬蓋曼群島商家庭傳媒股份有限公司城邦分公司
台北市中山區民生東路二段141號2樓
書虫客服服務專線：02-25007718；25007719
24小時傳真專線：02-25001990；25001991
服務時間：週一至週五9:30～12:00；13:30～17:00
讀者服務信箱E-mail：service@readingclub.com.tw
劃撥帳號／19863813；戶名：書虫股份有限公司
香港發行／香港灣仔駱克道193號東超商業中心1樓
電話：852-25086231　傳真：852-25789337
電郵：hkcite@biznetvigator.com
馬新發行／城邦（馬新）出版集團 Cite (M) Sdn Bhd
41, Jalan Radin Anum, Bandar Baru Sri Petaling, 57000 Kuala Lumpur, Malaysia.
電話：(603)90563833　傳真：(603)90576622　電郵：services@cite.my

美術設計／罩亮設計工作室
封面插畫／盧宏烈
內頁插畫／廖紘宇
攝　　影／子宇影像工作室・徐榕志
製版印刷／科億資訊科技有限公司
初版一刷／2017年6月29日
初版5.5刷／2018年12月28日
二版一刷／2022年11月10日
定　價／450元
ISBN：978-626-96625-6-2（平裝）
ISBN：978-626-96625-9-3（EPUB）

國家圖書館出版品預行編目資料

24節氣輕蔬食【好評修訂版】/花蓮慈濟醫學中心營養科及中醫部團隊著. -- 二版. -- 臺北市：原水文化出版：英屬蓋曼群島商家庭傳媒股份有限公司城邦分公司發行, 2022.11
面；　公分. -- (Family健康飲食；39X)
ISBN 978-626-96625-6-2(平裝)

1.CST: 蔬菜食譜

427.3　　111016696

本書特別感謝：

佛教慈濟醫療財團法人人文傳播室、花蓮慈濟醫院公共傳播室協助出版相關事宜。